中药材

种植技术

100 问

张树权　修国辉　主编

U0308281

中国农业科学技术出版社

图书在版编目（CIP）数据

中药材种植技术100问 / 张树权，修国辉主编. —北京：中国农业科学技术出版社，2021.1

ISBN 978-7-5116-5160-0

Ⅰ.①中… Ⅱ.①张… ②修… Ⅲ.①药用植物—栽培技术—黑龙江省—问题解答 Ⅳ.①S567-44

中国版本图书馆CIP数据核字（2021）第025377号

责任编辑	李　华　崔改泵	
责任校对	贾海霞	
责任印制	姜义伟　王思文	

出 版 者	中国农业科学技术出版社
	北京市中关村南大街12号　　邮编：100081
电　　话	（010）82109708（编辑室）　（010）82109702（发行部）
	（010）82109709（读者服务部）
传　　真	（010）82106650
网　　址	http://www.CASTP.cn
经 销 者	各地新华书店
印 刷 者	北京富泰印刷有限责任公司
开　　本	880mm×1 230mm　1/32
印　　张	5.625
字　　数	141千字
版　　次	2021年1月第1版　　2021年1月第1次印刷
定　　价	38.00元

《中药材种植技术100问》

编 委 会

前　言

黑龙江省是我国农业大省，也是道地中药材的重要产区之一，中医药文化源远流长，具有深厚的人文底蕴和历史积淀。近年来，全省各地深入贯彻省委、省政府关于打造全省中医药千亿元产业的决策部署，坚持把发展中药材产业作为种植结构调整、促进农民增收、壮大县域经济、推进农业高质量发展的重要增长极，统筹打好政策扶持、绿色发展、科技支撑、指导服务组合拳，全省中药材产业发展势头良好，成效显著。为持续提升全省中药材优势化布局、规范化种植、标准化加工和产业化发展水平，加快构建和完善中药材生产体系、经营体系和产业体系，推进中药材产业稳步发展，黑龙江省农业农村厅联合黑龙江省农业科学院，组织专家团队编写了《中药材种植技术100问》。本书在深入总结全省中药材生产实践经验的基础上，对中药材生产常见问题进行了认真归纳梳理，博采众家之长，结合最新研究成果，筛选出100个最具代表性的问题进行答疑解惑，内容涵盖黑龙江省中药材产业概况、区域布局、产地环境、政策法规、质量标准、种植技术（如选地选种、整地播种、田间管理、病虫草害防治、采收整理）、产地加工等方面。编写中力求贴近实际、通俗易懂、便于掌握、解决农民生产中的具体问题。

该书在编写过程中得到了各级农业农村部门、中药材加工企业、专业合作社等的大力支持，更得益于黑龙江省农业科学院经济作物研究所专家团队的积极参与和辛勤付出，并引用了诸多专家学者发表的相关论文论著，在此一并表示感谢。

　　本书共计100问，其中张树权主要编写了1～4、8～11问（约13.3千字），修国辉主要编写了5～7问（约8.9千字），陈晶主要编写了18～98问（约99.2千字），胡莹莹主要编写了12～17问（约14千字），李岑主要编写了99～100问（约5.6千字）。

　　由于任务紧迫，时间仓促，难免存在疏漏和不足，恳请广大读者批评指正。今后将继续努力，编印更多契合生产需要、符合农民需求的相关书籍，为促进黑龙江省中药材产业高质量发展作出积极贡献。

编　者

2020年8月

目　录

1. 什么是道地药材？

道地药材是我国传统优质中药材的代表。2016年12月颁布实施的《中华人民共和国中医药法》中对道地药材的概念进行了权威定义，即"道地中药材是指经过中医临床长期应用优选出来的，产在特定地域，与其他地区所产同种中药材相比，品质和疗效更好，且质量稳定，具有较高知名度的中药材"。

传统中药材讲究"道地性"，是因为在某一特定自然条件、生态环境的地域内所产的药材，通过中医临床验证较其他地区的同种药材品质更佳、疗效更好，"橘生淮南为橘，生于淮北为枳"的现象在中药材种植领域广泛存在。特定的中药材品种，其产量、质量与产地有着密切关系，气候、土壤等条件的不同，直接影响中药材有效成分含量和中药复方的疗效。

道地药材的概念最早出现在中药专著《神农本草经》中，书中记载"土地所出，真伪新陈，并各有法"，其强调了区分产地、讲究优良产地的重要性。陶弘景著《本草经集注》中记载"诸药所生，皆有境界……小小杂药，多出近道，气力性理，不及本邦"，唐《新修本草》中记载"离其本土，则质同而效异"，均进一步论述了"道地"的重要性，论述了道地药材与非道地药材对临床疗效的影响。《神农本草经》《本草纲目》等对多种中药材都有产地的描述，如"当归生陇西川谷……今出当州、宕州、翼州、松洲，以宕州者最胜"。在当代中医药行业中，如四川的贝母、黄连、川芎、附子，江苏的薄荷、苍术，广东的砂仁，东北的人参、细辛、五味子，云南的茯苓，河南的地黄，山东的阿胶等，都因是著名的道地药材，而备受称道和推崇。需要说明的是，道地药材是古人长期生产和用药实践中形成的经验概念，并不是一成不变的。例如，《本草纲目》记载天麻原产地陈仓（陕西宝鸡）一带，但是目前云南昭通的天麻，品质在全国有独特的竞争力，环境条件变迁使上党人参绝灭，东北人参成为"新贵"；三七原产广西，称为广三七、田七，云南"滇三七"后来居上，成为三七的新道地产区。

20世纪80年代以来，很多学者对道地药材的科学性问题展开了深入研究，出版了《中国道地药材》《中国道地药材原色图说》等，黄璐琦院士研究团队发表了《"道地药材"的生物学探讨》《中药材道地性研究的现代生物学基础及模式假说》《道地药材属性及研究对策》《道地药材形成的分子机理及其遗传基础》等多篇文章，《分子生药学》更对道地药材的形成分子机制进行了全面阐述，人们对道地药材的认识进一步深化，道地药材理念也广受世界的关注和重视。

2. 黑龙江省中药材产业发展的优势条件有哪些？

黑龙江省中药材产业发展具有自然生态、药材资源、政策环境、科技支撑、产业基础等独特优势。

（1）自然生态优势。黑龙江省地域辽阔，面积46万km^2，是世界三大黑土带之一。区域内平原、丘陵、山地类型多样，林丰草阔水美，空气清新。且土质肥沃，集中连片，便于中药材规模化、标准化、机械化生产。黑龙江省地处寒温带，气候冷凉，日照时间长，昼夜温差大，病虫害少发，利于根茎类药用植物生长，绿色有机药材生产条件得天独厚。

（2）药材资源丰富。黑龙江省野生中药材资源丰富，野生中药材有1 120种，蕴藏量135万t，载入药典的药用植物有130种。主要分布在大兴安岭、小兴安岭、完达山、老爷岭、张广才岭山脉地区和西部大庆地区为代表的草原地带。黑龙江省地产药材道地性强、品质好、药效高，地域特色突出，在国内外市场享有盛誉，铁芪、关苍术、紫苏等畅销韩国、日本，部分品种在国内市场占较大份额。

（3）政策环境优势。国家层面把中医药事业上升为国家战略，黑龙江省委、省政府确立了打造中医药千亿产业目标，编制中药材发展规划，成立专班专项推进，设立财政补贴资金，各地设立相应机构，出台配套政策，大力推动中药材产业发展，全省迎来了中药材产业发展重要窗口机遇期。

习近平总书记重要指示中强调，要遵循中医药发展规律，传承精华，守正创新，加快推进中医药现代化、产业化，推动中医药事业和产业高质量发展，为建设健康中国、实现中华民族伟大复兴的中国梦贡献力量。

李克强总理批示，推动中医药在传承创新中高质量发展，让这一中华文明瑰宝焕发新的光彩，为增进人民健康福祉作出新贡献。

2016年2月发布《中医药发展战略规划纲要（2016—2030年）》，首次在国家层面编制发展规划，将中医药发展列入国家发展战略。

2016年8月发布《中医药发展"十三五"规划》，提出到2020年，实现人人基本享有中医药服务。

2016年12月发布《中华人民共和国中医药法》，明确了中医药事业的重要地位和发展方针。

2017年9月发布《中药材产业扶贫行动计划（2017—2020年）》，提出凝聚多方力量，充分发挥中药材产业优势，共同推进精准扶贫。

2018年12月发布《全国道地药材生产基地建设规划（2018—2025年）》，提出建立道地药材标准化生产体系，健全道地药材资源保护与监测体系，构建完善的道地药材生产和流通体系。

2019年10月发布《关于促进中医药传承创新发展的意见》，提出健全中医药服务体系，发挥中医药在维护和促进人民健康中的独特作用等"六大"意见。

2019年5月20日黑龙江省委召开中医药发展大会，明确提出打造黑龙江中医药千亿级产业目标。张庆伟书记在会议上强调，发展中医药必须在产业化上下功夫，推进一二三产业融合发展，构建现代中医药生产体系、产业体系、经营体系，将中医药产业发展同乡村振兴、脱贫攻坚、资源型城市转型相结合，加快打造产业链条完善、带动能力明显的支柱产业。

2019年5月由黑龙江省发改委、工信厅、农业农村厅、卫健委、中医药管理局等五部门联合下发了《黑龙江省中医药产业发展规划》。

黑龙江省委副书记、省长王文涛主持召开省政府常务会议强调，要进一步加快中医药发展，把黑龙江道地药材做精做优，把黑龙江中医药产业做大做强。

黑龙江省委副书记陈海波在勃利调研时强调，要立足自身优势，突出"一县一品"，培育地方品牌，延伸产业链条，坚持农旅结合，促进一二三产业融合发展。

黑龙江省委常委、副省长王永康在全省中药材汤原现场会议上强调，中药材产业要以标准化建设、规范化种植、产业化经营为重点，建基地，强基础，育品牌，突出道地特色，强化科技支撑，力促质量、效益双提升，努力把中药材产业建设成为促进乡村振兴和实现农民持续增收的重要增长极。

（4）科技支撑优势。黑龙江省拥有中医药大学、中药研究所、农业科学院等科研院所10余个，东北林业大学、东北农业大学、黑龙江八一农垦大学、哈尔滨商业大学等多所院校设有中药材关联学科，有国家级、省级实验基地10余个，致力于道地药材资源搜集、规范化种植、药物有效成分提取分析、初级和精深加工等研发。黑龙江省中药材栽培历史悠久，生产经验丰富，种植模式成熟，生产实践中造就和培养了大批市、县、乡村级专业技术人员和明白人。

（5）产业基础优势。黑龙江省有哈尔滨利民医药科技园等多个中药材工业园区。有哈药集团、葵花药业、世一堂药业等国内知名药企。产地初加工企业147家。伊春红星区、铁力市平贝基地和大庆大同区板蓝根基地相继获得国家中药材GAP认证。甘南赤芍、林口黄芪、汤原关防风和五味子、穆棱沙棘、天问山黄精、萝北五味子等19个中药材品种获得国家地理标志认证。

3. 适合在黑龙江省适宜地区种植的中药材品种有哪些？

参考相关文献，依据《全国道地药材生产基地建设规划（2018—2025年）》和本地生产实践及主流市场因素，适合在黑龙江省适宜地区种植的中药材品种主要有人参、西洋参、板蓝根、赤芍、防风、白鲜皮、平贝、苍术、柴胡、穿山龙、党参、白头翁、北沙参、甘草、黄芪、知母、黄芩、苦参、龙胆、升麻、威灵仙、北豆根、远志、藁本、桔梗、黄精、玉竹、刺五加、五味子、沙棘、满山红、火麻仁、牛蒡子、地肤子、菟丝子、月见草、车前、芡实、水飞蓟、紫苏、万寿菊、红花、金莲花、艾草、蒲公英、返魂草等。

4. 黑龙江省中药材产区是如何划分的？各个产区适合发展哪些中药材品种？

《黑龙江省中药材生产基地建设规划（2018—2025年）》将全省分为6个特色优质中药材产区，每个区域均有自己独特的药材品种。

（1）大兴安岭高寒区。该区气候寒冷，降水偏少，无霜期较短，土壤为中性黑土、暗棕壤、草甸土，包括呼玛、加格达奇、新林等县（区），适合重点发展五味子、北沙参、黄芪、黄芩、柴胡、赤芍、金莲花、满山红等药材品种。

（2）小兴安岭丘陵区。该区降水量适中，土壤为中性黑土、暗棕壤，包括黑河市的爱辉区、孙吴、逊克、北安、嫩江，伊春市的丰林县、嘉荫、铁力以及绥化市的绥棱、海伦等县（市、区），适合重点发展刺五加、五味子、平贝、人参、西洋参、党参、金莲花、沙棘、火麻仁、水飞蓟、返魂草等药材品种。

（3）西部平原风沙干旱区。该区气候干旱，降水量偏少，土壤为碳酸盐黑钙土、风沙土，包括齐齐哈尔市的富裕、泰来、甘南、依安，大庆市的大同、林甸、杜蒙、肇源等县（市、区），适合重点发展关防风、柴胡、甘草、板蓝根、苦参、龙胆、赤芍、黄芪、苍术、北沙参等药材品种。

（4）中部平原区。该区气候比较适宜，降水量较适中，土壤为黑土、黑钙土，包括绥化市的北林、兰西、安达、肇东、明水、青冈等县（市、区），适合重点发展关防风、柴胡、黄芪、甘草、月见草、板蓝根、水飞蓟等药材品种。

（5）张广才岭、老爷岭、完达山半山区。该区气候冷凉湿润，雨水充沛，土壤为暗棕壤，土质疏松，排水良好。包括哈尔滨市的五常、尚志、方正、延寿、依兰，牡丹江市的海林、宁安、林口、穆棱，鸡西市的鸡东、密山、虎林和七台河市的勃利等县（市），适合重点发展人参、西洋参、刺五加、五味子、平贝、白鲜皮、赤芍、桔梗、黄芪、黄芩、沙棘、穿山龙、关黄柏等药材品种。

（6）三江平原温凉湿润区。该区气候冷凉湿润，雨水充沛，土壤为黑土、草甸土，包括佳木斯市的桦南、富锦、同江、抚远，双鸭山市的集贤、饶河，鹤岗市的萝北、绥滨等县（市），适合重点发展人参、刺五加、五味子、桔梗、紫苏、穿地龙、龙胆、升麻、平贝、白鲜皮等药材品种。

5. 黑龙江省中药材产业发展取得了哪些成效？

（1）种植面积迅速扩大。黑龙江省从1996年开始有统计记录，中药材种植面积为0.8万亩（1亩≈667m²，全书同），经过20余年的发展，到2018年种植面积为124.6万亩。全省中医药发展大会以来，通过政策驱动、典型带动、效益牵动、科技拉动，全省中药材种植面积实现突破性增长。2019年种植面积达到180万亩、产量36万t、产值72亿元、效益24亿元，分别比上年增长44.8个百分点、47.8个百分点、40.9个百分点和41.2个百分点。2020年中药材种植基地面积达到260万亩，比上年增加80万亩，增长44.4%，预计药材产量52万t、产值突破百亿元，均比2018年翻一番以上。全省13个地市108个县（市、区）、森工35个林业局、农垦53个农场，共计3.3万个各类规模生产经营主体参与种植。齐齐哈尔、哈尔滨、大庆、七台河、绥化等地种植面积均比上年增长50%以上。哈尔滨、牡丹江、鸡西、黑河等地方林草系统道地药材基地面积均已达到10万亩以上，在庆安林管局、尚志林管局和鸡西绿海林业公司建设了示范基地，总面积9.8万亩。比如，甘南县设立5 000万元中药材产业发展基金，鼓励农民利用庭院、林间隙地和大田等种植中药材，并确定了"长短结合、以短养长"发展思路，保证农户收入当年"不断档"，三年"创高效"。2020年全县新增中药材面积9.3万亩，达到10.6万亩，增长7.1倍。

（2）区域特色初步形成。围绕《黑龙江省中药材生产基地建设规划（2019—2025年）》，按照全省道地药材"六大"区域布局，突出"一县一业、一乡一品、一村一药"特色，道地化、特色化、规模化发展成效明显。2020年，全省板蓝根、人参、紫苏、刺五加、沙棘5个品种种植面积达到20万亩以上；关防风、苍术、赤芍3个品种种植面积达到10万亩以上；月见草、五味子、平贝、白鲜皮、返魂草、柴胡6个品种种植面积达到5万亩以上。人参、板蓝根、刺五加、关防风等"龙九味"种植面积达到105.6万亩，梅花鹿和马鹿存栏3.1万头，占中药材种植总面积的40.6%。初步形成了大庆、齐齐哈尔板蓝根、防风、柴胡，牡丹江刺五加、黄芪、平贝，佳木斯五味子、紫苏，伊春平贝、人参、返魂草，大兴安岭赤芍、黄芪、金莲花等特色布局。比如，刺五加是全省最具特色的"龙九味"道地药材品种之一。刺五加面积超过20万亩，蕴藏量近28万t，主要分布在牡丹江、双鸭山、七台河等地，年产量约占全国的80%。哈药集团、葵花集团、珍宝集团、林宝药业等均有刺五加类产品，市场前景看好。

（3）药材质量稳步提升。遵循"道地、绿色、生态、安全"的发展理念，健全完善质量检测体系，将规模种植基地纳入黑龙江省农产品安全质量追溯公共服务和"龙药云"平台，逐步实现生产全过程质量控制。鼓励从种植到加工各个环节实行绿色标准化生产，对检测超标的取消政策补助资格。截至目前，全省累计获得国家地理标识认证19个，待批5个，纳入目录16个，新申报2个。检测表明，黑龙江省道地药材种质纯正、品质优良、药性突出。宁古塔芪、卜奎芪、红星平贝、小蒿子防风、牡丹江赤芍、庆安人参、清河五味子、大同板蓝根、海林刺五加等在国内外市场享有盛誉，地域品牌影响力不断提升。比如，林口黄芪的黄芪甲苷是药典标准的5.3倍；拜泉苍术的苍术素是药典标准的2.3倍；大兴安岭赤芍的芍药苷是药典标准的2.8倍；大兴安岭五味子的五味子醇甲是药典标准的1.5倍；杜蒙防风的升麻素苷和甲基维斯阿米醇苷是药典标准的4倍。

（4）产业基础不断夯实。2019—2020年省级财政安排专项资金10亿元，各地配套扶持政策，撬动社会工商资本参与，重点支持规模种植基地、种子种苗繁育基地、初加工和展示园区建设。全省分两批启动了75个示范县、5个特色小镇和6个区域种子种苗基地建设，对74个非示范县200亩以上的经营主体给予种植补助。各地制定优惠政策，积极跟进招商引资，引龙头、上项目、促融合，引资签约项目达75个，预计招商引资117.9亿元。哈尔滨百年世一堂绿色国药基地等63个项目已开复工，完成投资19.8亿元，齐齐哈尔尚宏北药科技有限公司中药饮片加工项目等21个项目已建成投产。在农业农村部的支持下，将伊春市铁力市纳入国家中药材现代农业产业园创建县。全省新建和在建高标准药田36.7万亩，新建科技园5个、产业园5个、国家级产业园项目1个、示范展示园77个。已建成种子种苗基地170个，订单种植面积163万亩，龙头企业拉动基地面积191万亩，比上年增长40%。比如，勃利县委、县政府确立了"北药强县"战略，引资成立黑龙江润草生物科技发展有限公司，启动建设了东北首家黄芩苷提取厂，推进以黄芩为重点的产、加、销一条龙产业化发展；在元明村寒地中草药小镇改造民宿66栋，建设花海观赏区4 000亩，致力打造"中国黄芩之乡"；2020年中药材种植面积新增6万亩，达到12万亩，比上年增长1倍。

（5）组织化程度显著提高。积极培育种植大户、专业合作社、生产经营企业和初加工企业等新型经营主体，大力推行"龙头企业+合作社+基地"发展模式，完善入股分红、订单收购、销售返利等利益联结机制，中药材生产规模化、标准化、组织化程度显著提高。2020年，全省中药材生产经营企业建设种植基地170个，带动基地面积191万亩，比上年增长40%。积极引导农户带地、带机、带资入社，专业合作社新增145个，总数840个，比上年增长20.8%。订单种植面积162.77万亩，比上年新增123.77万亩，增长3倍。打造平贝、五味子、庭院种植、休闲农旅等中药材专业村81个。比如，桦南林业局紫苏种植面积扩大到10万亩，引资组建了桦南农盛园食品有限公司，建基地2.5万亩，拉动紫苏种植户684个。已研发出10大类113款系列产品，在国内外市场旺销，已成为全国紫苏产业的龙头企业。

（6）销售渠道不断拓宽。全省中药材交易市场体系建设加快，"中国北药大市场"已从道外区三棵树迁至哈尔滨华南城并正式挂牌，珍宝岛药业集团中国北药智慧产业园已在松北区奠基动工。哈尔滨融创中医药健康城项目有序推进，鸡西市鸡冠区、梨树区、尚志市苇河镇、勃利县、铁力市和甘南县等集散地中药材交易中心正在加快建设。通过中医药博览会、产销对接会、"龙九味"天猫旗舰店、"龙药云"等"线上+线下"平台，利用中药材生产经营企业、流通企业、经纪人等载体，黑龙江优质道地药材销往国内外，知名度和影响力不断提升。特别是为解决"种长销短"问题，探索建立了"龙药云"供需直连平台，注册用户已达1 300家，采购企业230家，发布供求信息3 035条，已匹配信息452条，达成意向性购销协议金额8 000多万元。目前，黑龙江省刺五加占全国市场份额80%以上，板蓝根占50%以上，平贝占30%以上。比如，大庆市大同区素有"中国板蓝根之乡"美誉。2020年板蓝根种植面积6.8万亩，现有万亩可追溯GAP生产基地2个、千亩以上专品种生产基地6个、道地品种示范展示基地8个、产地批发市场1处、中药材加工企业2家，在国内市场影响力较大。

（7）科技推广能力增强。组建了中药材产业技术协同创新推广体系专家团队，设立了首席专家，建立省级中药材种植专家库，在全省124名专家中筛选有资历、有经验的中药材专家80人入库。建立全省专家顾问委员会和15个专品种委员会，建立专家和基地双向交流互动机制。在全省范围内推广了板蓝根大垄双行、平贝标准化生产、五味子定向修剪、黄芪"1+2"栽培、小麦套种柴胡等新型栽培技术，推广农业、生物、物理等绿色防控技术，实行农业"三减"，发展绿色种植，科技支撑力度不断增强。编印发行了5本技术手册，其中《中药材栽培技术50种》，介绍了50种道地、特色药材的药效、生境与分布、栽培技术和效益分析，具有地域性、科学性、实用性和可操作性；编印《药食同源100例》，收录100种在黑龙江省具有资源分布和很好保健功能的药食同源中药材和特色资源品种。制定《50种道地药材质量地方标准》，强化技术培训、生产调度、栽培技术和指导服务，利用美篇、快播、微信群等编发7个系列种植技术218篇，推出"龙江药材"公众号，创建《黑龙江中药材信息网》（http：// zyc.hljagri.org.cn），设立"黑土龙药"电子台账。邀请省中医药大学、东北林业大学、东北农业大学、哈尔滨师范大学、黑龙江

大学、黑龙江省农业科学院、黑龙江省中医药科学院等专家加强专题培训；与黑龙江省中医药管理局联合举办中药材种植专题培训，推送视频讲座5组，指导各地线上培训240余场次，累计线上线下培训3.5万人次。

6. 黑龙江省在中药材产业发展方面建立了哪些工作推进机制？

（1）组织推进机制。建立省、市（地）、县（市、区）三级协调推进机制，制定规划、工作计划和实施方案，形成协调推进、上下贯通的工作体系。一是省级统筹。发挥综合协调和监督管理的工作职责，切实抓好顶层设计，明确发展目标，强化政策扶持，严格考核推动，构建协调联动、齐抓共管的良好格局。二是市级推动。组织谋划中药材区域布局，全面推动生产基地、种子种苗基地和初加工厂建设。传导压力，延伸考核，推动各县（市、区）抓好中药材产业发展工作。三是县级主抓。认真履行中药材产业发展的主体责任，围绕发展道地品种和立县品种，将中药材作为重要产业来抓，定规划、定目标、定任务、定措施，优化环境，促进流通，吸引药企投资建厂，推动县级中药材产业登台阶、上水平。

（2）调度通报机制。建立定期调度通报机制，及时会商解决存在问题，确保中药材产业的健康发展。一是生产调度。调度春季中药材种植品种、在田面积、新增面积；秋季起收品种、面积、初加工和销售情况及灾情，春播、秋收实行周报，平时实行月报、季报和年报，各级农业农村管理部门要认真负责，确保数据翔实准确，并做好存档备查。二是会议调度。定期召开视频或现场会，听取各市（地）、县（市、区）工作进展情况汇报，交流工作经验, 展示工作成果, 反馈存在困难, 研判分析形势, 硬化发展措施, 指导协调跟进下步工作。三是通报情况。各级农业农村部门汇总所辖中药材产业发展情况, 以简报和动态的方式上报市（地）、县（市、区）政府和省农业农村厅。省农业农村厅定期将各地发展中药材的好经验、好做法、好案例以动态或简报形式通报各地。

（3）会议落实机制。通过多种会议方式推进工作落实。一是全省工作会议。每年召开1次, 总结工作, 分析形势, 部署任务。二是领导小组全体会议。原则上每半年召开1次, 研究贯彻落实省委、省政府推进中医药发展工作部署要求, 听取阶段性工作进展, 通报情况, 部门表态, 研究节点性重点工作, 审议中医药发展有关事宜。三是领导小组专题会议。结合工作需要每季召开1次, 会商解决中药材产业发展过程中遇到的新情况、新问题, 讨论研究重大事项等。四是领导小组办公室会议。每个月召开一次, 研究审议实施方案、制定工作计划, 议定有关会议安排, 商定重要文件材料。五是现场推进会议。每年召开2~3次, 现场观摩, 交流经验, 比学赶超, 推进工作落实。六是视频调度会议。半月一调度, 一月一排名通报, 建立问题清单, 挂图作战, 销号处理, 把工作做实做细。

（4）典型推广机制。靠典型引带促进工作, 提升整体水平。一是打造典型。分两批选择75个县（市、区）开展基地建设示范县创建活动, 优选100个基地、企业和合作社典型, 将典型事迹编印成册、会上介绍、媒体报道, 重点打造, 发挥示范引带作用。二是浓化氛围。对群众选、政府推的行业带头人和各类典型, 采取媒体播、办班讲、入户宣、现场推、简报推、录制专题片重点推等形式, 加大宣传力度, 营造学先进、树先进、超先进的良好氛围。三是强化培训。有针对性组织开展中药材种植专题技术培训，提高药农的种植水平，促进产量品质效益提升。鼓励各级到中药材先进省份考察学习，借鉴先行地区的新思想、新理念、新举措，努力提高县（市、区）抓好中药材产业发展的能力和水平。

（5）科技支撑机制。发挥科技头雁作用，引领技术创新。一是强化技术指导。各级均要成立中药材专家组，制定技术方案。充分发挥专家团队作用，深入基层开展全程技术指导与服务，发现问题及时解决，推进各项技术措施落实到位。二是强化双向选择。对科技人员和基层需求方实行双向选择，优化组合，公布专家库名单，服务对象根据需求选择专家。专家根据县（市、区）中药材种植品种及规模，结合专业特长选择服务对象，择优选择、自由选择、双向选择，双方达成一致后，签订服务协议，年终考核问效。三是强化技术应用。充分发挥科研院所和中医药大学的技术优势，积极开展新品种选育，新技术研究，着力抓好品种创新、病虫草害综合防控、绿色有机种植、农药安全施用、优质高效高产栽培模式研究，推进中药材产业绿色健康发展。四是强化协作联动。加强与中医药管理局、林业和草原局、工信厅、商务厅等部门业务沟通，定期研究业务，发挥联动效应，联合推动中药材产业融合发展。五是强化标准研究。邀请专家共商中药材绿色种植标准，实现种植标准化、管理标准化、收获标准化、加工标准化，努力提升中药材产量和品质。

（6）绩效考评机制。制定《黑龙江省中药材基地建设绩效考核办法》，每年组织1次中药材产业发展绩效考评，重点考核地区中药材道地性、基地面积增量、产值、销售收入和初加工能力、种子种苗繁育水平、组织化程度、保障体系建设、质量追溯、品牌建设等指标，打分量化排序，强化结果运用。对年度考评前10位的县（市、区）给予表彰表扬。对排名后3位的县（市、区）通报批评和约谈，并取消项目支持。激励各地变压力为动力，努力推动中药材产业高质高效发展。

（7）信息报送机制。认真梳理中药材产业发展的闪光点和创新点，总结工作中涌现的好典型、好做法，收集云南、安徽、甘肃、贵州等地的好经验、好成效，增设省外动态，实时掌握全国动态最新走向，为领导决策提供依据。每半月报省政府1次工作动态或简报，每月报省政府1次工作进度，每季报一次中药材基地建设情况，年底总结和安排明年工作。通过广播、电视、网络、微信、报纸、会议、展会等多种途径，录制专题宣传片和PPT，广泛宣传。

7. 2020年黑龙江省中药材产业重点强农惠农政策有哪些？

2020年，为深入贯彻落实省委、省政府关于加快中医药产业发展的决策部署，在省财政厅的支持下，继续加大工作力度，确保全省中药材种植面积扩大到260万亩、产量52万t、产值突破百亿，努力取得中药材基地建设和产业链条延伸"两个进展"、实现拉动农民增收幅度、药材整体品质和黑龙江道地药材国内市场影响力"三个提高"。

（1）支持中药材规范基地建设。按照"一县一优势、一乡一特色、一村一精品"优化区域布局，突出道地品种，聚焦主打品牌，建设一批设施标准、管理规范、特色鲜明、专品种生产集聚的道地药材基地。在13个市地和森工、农垦系统择优选择40个道地药材种植面积大、药材产量高、龙头企业牵动能力强、产业基础优势突出、发展潜力大的地区开展创建示范。重点扶持中药材规模化标准化种植，种子种苗专业化产业化生产，中药材洗润、分拣、冷藏、仓储、烘干、炮制等初加工、集散设施建设，增加产业效能。

（2）支持中药材良种繁育基地建设。围绕黑龙江省中药材规模化、标准化专品种基地生产需求，构建以市场为导向、基地为中心、科技为保障的种子种苗发展格局，提高中药材生产良种化水平。在道地、特色药材主产区择优建设6个中药材良种繁育基地，扩大中药材种子种苗标准化生产规模，提高和改善繁育条件和技术水平，开展地产种质资源收集和保护、提纯复壮、优质种子种苗繁育、品种试验示范、质量安全检测等工作，提升优质种子种苗生产供应能力。

（3）中药材高标准农田建设。按照"统一规划布局、统一建设标准、统一组织实施、统一验收考核、统一上图入库"5个统一的要求，在全省14个县（市、区）建设20万亩中药材高标准农田，按照《高标准农田建设通则》，以土地平整、土壤改良、农田水利、机耕道路、农田输配电设备等为重点，推进耕地"宜机化"改造，加强农业基础设施建设，提高中药材综合生产能力。

8. 黑龙江省中药材产业发展存在哪些问题？

综合看，黑龙江省中药材产业发展仍面临诸多挑战，仍然存在一些短板和差距。

（1）在生产经营上，组织化、规模化、机械化程度较低，种植主体散户比重大，规范化、标准化水平不平衡。部分农户技术不高，生产上盲从跟风，种子种苗基源不清，农药化肥使用不规范。初加工能力不足，产地初加工率不高，"原字号"销售比重较大。

（2）在基础条件上，中药材生产基础条件较差，现代农业技术装备和设施缺乏，田间生产、采收和产地初加工环节的机械化滞后。

（3）在质量监管上，中药材质量标准、种子种苗繁育体系、质量追溯体系不健全。中药材农药注册登记品种稀少，病虫草害绿色防治配套技术亟待完善，病虫害绿色防控亟待加强。

（4）在科研支持上，中药材科研基础较弱，科技支撑不足，野生药材资源保护任务艰巨，种子种苗选育滞后；中药材种植、良种繁育、初加工和市场营销等专业技术和实用人才短缺，中药材产业农业推广体系和技术服务能力有待加强。

（5）在金融政策上，经营主体资金筹措困难，抵押贷款程序复杂，资金需求大、额度低、利息高。中药材种植保险起步晚、险种少、覆盖面窄，难以有效应对中药材种植投资大、周期长、风险高等问题。

9. 黑龙江省中药材农业发展还需在哪些方面开展工作？

（1）大力推进中药材种业强省建设，保证良种供应。

①开展中药材种质资源收集、鉴定与保存工作。对黑龙江省野生中药材种质资源和优质农家品种进行系统性调查、收集和鉴定工作，建立中药材种质资源库（圃）；对珍贵濒稀野生药材或大宗栽培药材野生近缘种进行抢救性收集及驯化工作；建立完善进库、入库、保存、引种程序，系统建设黑龙江省中药材种质资源保护保存体系；利用大数据平台建设中药材种质资源数据库，开展黑龙江省中药材种质资源标准化建设。

②构建中药材原良种生产体系。建立专业中药材育种队伍，设立专项资金，开展优质中药材种质创新与新品种选育工作，创制出产量稳定、抗性好、质量优的道地药材新品种；同时，针对培育出的新品种或现有优品种进行原种（或良种）繁育、种子包衣、种子种苗分级及绿色生产、种子加工储藏技术研究，构建一整套中药材原良种生产体系，推进中药材良种标准化生产，促进中药材稳定生产。

③建设良种繁育基地和示范展示基地。按区域建设省级、市级乃至县级中药材种子种苗繁育基地，保证优质种苗的自给自足；对原有良种繁育基地进行复审评估，对新建和原有繁育基地进行动态化和常态化监督管理，保证种子种苗的优质优价；研究制定良种繁育基地奖励绩效评估，建立常态化资金支持，推动种业保费补贴政策的落实落地；建立国家级种子繁育基地及示范展示园区，建设高标准中药材种子繁育田，示范展示优质中药材品种、良种生产技术，进行种业新型农民培训工作。

（2）全面开展中药材农业基础研究，科技支撑产业发展。

①开展中药材高效高产栽培技术研究。针对不同区域气候特点、不同土壤类型，重点研究种子种苗分级评价、药材种植密度、肥料施用、田间管理、采收、加工等技术，根据不同区域实际生产需要制定中药材种子质量标准、标准化田间生产技术规程、药材加工技术规程；同时开展药材机械化种植和采收关键技术、药材种植科学轮作制度、林药间作及粮药套种栽培模式研究；研究集成、优化、组装先进新技术，示范推广高产栽培模式，实行区域化、规模化和标准化种植，确保药材质量，带动农民，满足企业和市场要求，提高种药效益。

②开展中药材病虫草害综合防治技术研究。研究黑龙江省

病虫草害发生发展规律，低毒低残留除草剂配方及施药标准，病虫害生物防治、病原鉴定及施药标准，同时开展中药材防治病虫草害配方研发，集成、优化先进技术，示范推广综合防治技术。

③开展中药材质量形成机制的研究。针对黑龙江省中药材资源分布广阔，气候类型独特，生态类型丰富的特点，开展黑龙江省不同地域内道地药材种植过程中生长发育特性、药效成分形成及其与气候、土壤、水文等环境条件及投入品等人为条件的关联性研究，利用分子生物学技术深入分析中药材质量形成机制。

④中药材多用途开发利用研究。产、学、研相结合，主要进行中药材保健、食用、兽药、饲料、化工等多用途开发利用，重点进行药食同源类中药材保健品、功能食品、功能饮料、食用油等产品的研发，中药（非药用部位）饲料配方研究，中药兽药配方研究，中药化妆品、日用产品开发等，尤其是以刺五加、五味子、人参、西洋参、关防风、赤芍、火麻仁、板蓝根等"龙九味"为主的各类产品。

（3）快速构建中药材产业标准化体系，打造优质优价绿色生产。

①制定中药材生产加工及检验标准。按照绿色优质发展要求，在继承中药材传统加工技艺基础上，制定省级中药材生产标准，制定道地中药材种子种苗生产、田间生产管理、病虫草害防治、全程机械化、产地加工仓储技术、质量检验技术等标准化操作规程，规范关键环节生产技术标准，指导中药材标准化绿色生产，实现主要品种全部标准化、规范化种植。

②打造标准化绿色生产基地。按照统一规划、合理布局、集中连片的原则，加强基地设施建设，配套水肥一体、环境监测控制、物联网等设施，建成能排能灌、土质良好、通行便利、抗

灾能力较强、绿色生产为主的高标准中药材生产基地；突出道地特色和产品特性，与特色农产品优势区建设规划衔接，重点打造中药材专用品种绿色生产基地，培育一批道地中药材品牌，从源头保证优质中药材绿色生产，推进中药材优质优价。

③推广标准化种植模式。各地市政府、农业农村局、科研院所、大专院校、基层农技推广等部门大力开展道地中药材标准化种植加工等技术的培训和示范推广工作，充分发挥黄芪、白鲜皮、满山红、平贝、苍术等8个省级中药材规范化种植试验基地示范引领作用，并利用书籍、宣传册、科普手册、短视频、PPT课件等多种形式在多种媒体及网络平台上进行推广，快速提高黑龙江省道地中药材规范化水平，带动中药材种植水平的整体提高。

（4）精准实施中药材产业化工程，促进产业提质增效。

①加强产地加工和贮藏能力建设。鼓励中药企业在产地建设加工和贮藏基地，加强采收、净选、切制、干燥、分级、保鲜、包装及贮藏等设施建设，鼓励合作社、种植大户发展初加工，配套现代化加工设备，应用低温冷冻干燥、节能干燥、无硫处理、气调贮藏等新技术，提升产地清洁化、连续化、自动化、标准化加工水平，提升中药材保鲜能力，延长储存周期，促进综合利用。

②完善产业营销机制。引导哈药集团、珍宝岛药业、葵花药业等制药龙头企业及各级中医院推广定制药园，构建"龙头企业+合作社（种植大户）+基地"的生产经营模式，实行订单式生产，产地直接采购；推进"互联网+电子商务"，引导中药材农民专业合作社、种植大户、中药企业在淘宝、京东、"黑龙江大米网"等电商平台设直销店，充分利用电商平台，开展产品线上销售。

③推进中药材康养休闲产业建设。持续推进集参与体验、农家乐、中医药文化、中药美食于一体的中药材康养休闲产业，开发中药材产业资源潜力，调整农业结构，改善农业环境，增加农民收入，促进区域经济发展。

（5）稳步推进中药材产业综合服务体系建设，助推产业科学发展。

①健全服务管理机制。研究制定黑龙江省《中药材新品种登记试验管理办法》《中药材标准化种植基地评选办法》《黑龙江省中药材农药管理（临时）办法》《中药材种子生产销售管理办法》等，规范中药材新品种试验程序和管理，强化中药材品种、种子种苗、农药登记制度，加强中药材种子生产销售市场执法监督力度，推进中药材种植基地的规范管理，探索建立监管长效机制。

②建设中药材产业大数据中心。以现有数据中心为基础，拓展服务内容，立足中药材产业发展需要，围绕中药材资源情况、种植情况、病虫草害发生、土壤质量、生态环境、产业加工、供需服务、技术咨询等领域，建立大数据服务平台，持续开展观测监测、数据收集分析和信息服务，提高中药材产业信息化水平。

③建设全程可追溯体系及第三方检测平台。以农业大数据网络平台为基础，全面建设、推广中药材种植全程可追溯平台，全链条监控药材种植、管理、采收、储存、运输及下游加工，开展第三方检测业务，大力推进黑龙江省中药材产业绿色可持续发展。

（6）大力拓宽中药材产业扶持方式，夯实产业支撑成果。

①健全中药材生产资金扶持政策。统筹安排中药材产业扶

持资金，规范资金下发标准，优先扶持龙头企业、大型合作社和种植大户，集中力量打造中药材产业强县、强镇，大力宣传黑龙江省中药材品牌。

②拓展中药材生产保险业务。研究开展中药材种植、产地加工等相关领域保险业务，减小因天气、市场波动等原因给农民带来的巨大损失，稳定中药材生产。

③鼓励多种形式合作模式。鼓励企业、大专院校、科研单位、合作社与各级政府开展多种形式的合作，以外来资金汇入为主，财政资金匹配为辅，拓宽产业扶持资金渠道。

10.《中华人民共和国中医药法》是何时实施的？有哪些内容需要关注？

《中华人民共和国中医药法》由中华人民共和国第十二届全国人民代表大会常务委员会第二十五次会议于2016年12月25日通过，自2017年7月1日起施行。该法的颁布旨在继承和弘扬中医药，保障和促进中医药事业发展，保护人民健康。

《中华人民共和国中医药法》包括总则、中医药服务、中药保护与发展、中医药人才培养、中医药科学研究、中医药传承与文化传播、保障措施、法律责任和附则，共计9章64条。对于种植中药材的经营主体而言，建议大家通读全文，仔细阅读"第三章中药保护与发展"及"第八章法律责任"。"第三章中药保护与发展"中明确指出"国家制定中药材种植养殖、采集、贮存和初加工的技术规范、标准，加强对中药材生产流通全过程的质量监督管理"；"鼓励发展中药材规范化种植养殖，严格管理农药、肥料等农业投入品的使用，禁止在中药材种植过程中使用剧毒、高毒农药，支持中药材良种繁育"；"建立道地中药材评价体系，支持道地中药材品种选育，扶持道地中药材生产基地建设"，"鼓励采取地理标志产品保护等措施保护道地中药材"；"国务院药品监督管理部门应当组织并加强对中药材质量的监测，定期向社会公布监测结果"；"采集、贮存中药材以及对中药材进行初加工，应当符合国家有关技术规范、标准和管理规定"；"鼓励发展中药材现代流通体系，提高中药材包装、仓储等技术水平，建立中药材流通追溯体系"；"中药材经营者应当建立进货查验和购销记录制度，并标明中药材产地"；"国家保护药用野生动植物资源"，"鼓励发展人工种植养殖，支持依法开展珍贵、濒危药用野生动植物的保护、繁育及其相关研究"。"第八章法律责任"中明确指出"违反本法规定，在中药材种植过程中使用剧毒、高毒农药的，依照有关法律、法规规定给予处罚；情节严重的，可以由公安机关对其直接负责的主管人员和其他直接责任人员处五日以上十五日以下拘留"。对于中药材种植业来说，《中华人民共和国中医药法》的颁布是为了规范中药材种植养殖，加强中药材质量管理，保护道地中药材，提高中药材质量，保障中药材质量安全。

11. 什么是《中药材生产质量管理规范》？与旧版相比，修订版中哪些内容值得注意？

《中药材生产质量管理规范》，又称GAP，是中药材生产和质量管理的基本准则，适用于中药材生产企业采用种植、养殖方式生产中药材的全过程管理。旧版《中药材生产质量管理规范（试行）》于2002年3月18日经国家药品监督管理局局务会审议通过并发布，自2002年6月1日起施行，共计十章57条，2016年根据《国务院关于取消和调整一批行政审批项目等事项的决定》

（国发〔2016〕10号），取消中药材生产质量管理规范认证行政许可事项。现行《中药材生产质量管理规范（修订草案征求意见稿）》，目前是修订版，共计十四章146条。该规范强调重视全过程细化管理，以高标准、严要求作为《规范》修订出发点，将技术规程和质量标准制定前置，立足中医药的特色和传承，鼓励采用适用的新技术，并强调生态环境保护和动物保护。修订版规范突出影响中药材质量关键环节的管理要求，例如，产地和地块选择，种子种苗或其他繁殖材料选择，农药、兽药使用，采收期确定，产地初加工特别是药材的干燥、熏蒸、贮藏条件等。

值得注意的是，旧规范中对除草剂施用的表述为"如必须施用农药时，应按照《中华人民共和国农药管理条例》的规定，采用最小有效剂量并选用高效、低毒、低残留农药，以降低农药残留和重金属污染，保护生态环境"；修订版规范则提出"农药使用应符合有关规定""优先选用高效、低毒生物农药""应尽量避免使用除草剂、杀虫剂和杀菌剂等化学农药"。若按旧版要求，则所施用农药按照《农药管理条例》，必须登记才能使用，但截至2018年3月，全国只有人参、三七、枸杞、杭白菊、白术、元胡、铁皮石斛、贝母、菊花、山药10种中药材上登记了91个产品，其他绝大部分中药材上没有登记的农药可用。对于实际生产而言，病虫害发生严重地块及规模化种植的中药材基地，不使用农药不太现实。因此，修订版规范对中药材种植涉及的各环节进行了更加细化和符合生产的规定，针对性和可操作性更强。另外，修订版规定"以有机肥为主，化学肥料有限度使用，鼓励使用经国家批准的菌肥及中药材专用肥""防治病虫草害等应当遵循'预防为主、综合防治'原则，优先采用生物、物理等绿色防控技术；应制定突发性病虫草害等的防治预案""禁止使用壮根灵、膨大素等生长调节剂调节中药材收获器官生长""禁止使用硫黄熏蒸中药材""禁止贮藏过程使用硫黄熏蒸""不得使用国家禁用的高毒性熏蒸剂",同时规定"企业应当建立中药材生产质量追溯体系,保证从生产地块、种子种苗或其他繁殖材料、种植养殖、采收和产地初加工、包装、储运到发运全过程关键环节可追溯;鼓励企业运用现代信息技术建设追溯体系"等,建议中药材种植、养殖的经营主体认真阅读该规范,以此指导药材生产。

12. 查阅《中华人民共和国药典》要关注哪些内容?

《中华人民共和国药典》简称《中国药典》,由国家药典委员会创作,是国家监督管理药品质量的法定技术标准。《中国药典》分为四部出版:一部收载药材和饮片、植物油脂和提取物、成方制剂和单味制剂等;二部收载化学药品、抗生素、生化药品以及放射性药品等;三部收载生物制品;四部收载通则,包括制剂通则、检验方法、指导原则、标准物质和试液试药相关通则、药用辅料等。《中国药典》每五年编制修订一次,目前刚发布的版本为2020版《中国药典》,本版药典收载品种5 911种,新增319种,修订3 177种,不再收载10种,因品种合并减少6种。其中,一部中药收载2 711种,其中新增117种、修订452种。二部化学药收载2 712种,其中新增117种、修订2 387种。三部生物制品收载153种,其中新增20种、修订126种;新增生物制品通则2个、总论4个。四部收载通用技术要求361个,其中制剂通则38个(修订35个)、检测方法及其他通则281个(新增35个、修订51个)、指导原则42个(新增12个、修订12个);药用辅料收载335种,其中新增65种、修订212种。

对于中药材种植、养殖、加工各类经营主体而言，主要关注一部药典。查阅《中国药典》时主要关注以下几个方面，以药材黄芪为例。

（1）药材黄芪的基源植物是什么？药典表述"本品为豆科植物蒙古黄芪［*Astragalus membranaceus*（Fisch.）Bge.var.*mongholicus*（Bge.）Hsiao］或膜荚黄芪［*Astragalus membranaceus*（Fisch.）Bge.］的干燥根"，即只有蒙古黄芪和膜荚黄芪的干燥根是正品，其他黄芪种类为伪品，不可进入中国药厂进行制药。基源鉴定是辨别药材真伪的方法之一。

（2）何时采收，如何加工？药典表述"春、秋二季采挖，除去须根和根头，晒干"，即规定了春天和秋天两个季节可以进行采收，做晒干加工处理。

（3）药材性状如何？药典表述"本品呈圆柱形，有的有分枝，上端较粗，长30～90cm，直径1～3.5cm。表面淡棕黄色或淡棕褐色，有不整齐的纵皱纹或纵沟。质硬而韧，不易折断，断面纤维性强，并显粉性，皮部黄白色，木部淡黄色，有放射状纹理和裂隙，老根中心偶呈枯朽状，黑褐色或呈空洞。气微，味微甜，嚼之微有豆腥味"，即对正品药材性状进行了描述。药材性状是辨别药材真伪最常用、最直接的方法，如果药材性状不符合药典要求，可能会被直接归为伪品或不合格药材。近年来，性状不符也是多种药材不合格的主要原因之一。

（4）药材如何进行鉴定？药典表述"①本品横切面：木栓细胞多列；栓内层为3～5列厚角细胞。韧皮部射线外侧常弯曲，有裂隙；纤维成束，壁厚，木化或微木化，与筛管群交互排列；近栓内层处有时可见石细胞。形成层成环。木质部导管单个散在或2～3个相聚；导管间有木纤维；射线中有时可见单个或2～4个成群的石细胞。薄壁细胞含淀粉粒。粉末黄白色。纤维成束或散离，直径8～30μm，壁厚，表面有纵裂纹，初生壁常与次生壁分离，两端常断裂成须状，或较平截。具缘纹孔导管无色或橙黄色，具缘纹孔排列紧密。石细胞少见，圆形、长圆形或形状不规则，壁较厚"。"②按照薄层色谱法（通则0502）试验，吸取［含量测定］项下的供试品溶液及对照品溶液各5～10μl，分别点于同一硅胶G薄层板上，以三氯甲烷：甲醇：水（13：7：2）的下层溶液为展开剂，展开，取出，晾干，喷以10%硫酸乙醇溶液，在105℃加热至斑点显色清晰，分别置日光灯和紫外光灯（365nm）下检视。供试品色谱中，在与对照品色谱相应的位置上，日光下显相同的棕褐色斑点；紫外光（365nm）下显相同的橙黄色荧光斑点。③取本品粉末2g，加乙醇30ml，加热回流20min，滤过，滤液蒸干，残渣加0.3%氢氧化钠溶液15ml使溶解，滤过，滤液用稀盐酸调节pH值至5～6，用乙酸乙酯15ml振摇提取，分取乙酸乙酯液，用铺有适量无水硫酸钠的滤纸滤过，滤液蒸干。残渣加乙酸乙酯1ml使溶解，作为供试品溶液。另取黄芪对照药材2g，同法制成对照药材溶液。照薄层色谱法（通则0502）试验，吸取上述两种溶液各10μl，分别点于同一硅胶G薄层板上，以三氯甲烷：甲醇（10：1）为展开剂，展开，取出，晾干，置氨蒸气中熏后，置紫外光灯（365nm）下检视。供试品色谱中，在与对照药材色谱相应的位置上，显相同颜色的荧光主斑点"，即分别通过显微鉴定和薄层色谱鉴定的方法来鉴定药材的真伪，并规定了鉴定方法。不符合以上要求的药材仍被认为是伪品或不合格药材。

（5）药材有哪些检查项？药典表述"水分不得过10.0%（通则0832第二法）""总灰分不得过5.0%（通则0832）""重

金属及有害元素照铅、镉、砷、汞、铜测定法（通则2321原子吸收分光光度法或电感耦合等离子体质谱法）测定，铅不得过5mg/kg；镉不得过1mg/kg；砷不得过2mg/kg；汞不得过0.2mg/kg；铜不得过20mg/kg""其他有机氯类农药残留量照农药残留量测定法（通则2341有机氯类农药残留量测定法——第一法）测定。五氯硝基苯不得过0.1mg/kg"，即要检测水分、总灰分、重金属及有害元素、有机氯类农药残留量，并规定了测定方法按照哪部通则。只有各项指标达到药典标准，才是合格药材。不同药材品种的检查项目不同，各项指标也不相同，有些药材还需要检测黄曲霉含量等。因此，种植和加工药材时要知道检查项目都有什么，注意生产加工的各个环节，以免因人为投入品或操作造成药材不达标。另外，即使药典未明确标出检测重金属及有害元素、有机氯类农药残留量等特殊检查项，种植和加工过程也要参照《中药材生产质量管理规范》等有关要求，不可使用高毒、高残留的化学农药及硫黄进行熏蒸等。我国对药材质量要求逐年增高，监管力度加强，不符合药典要求的药材将无法销售，因此，种植和加工药材时一定要注意重金属及有害元素、农药残留的问题。

（6）药材浸出物有何要求？药典表述"浸出物照水溶性浸出物测定法（通则2201）项下的冷浸法测定，不得少于17.0%"，同样规定了浸出物含量及测定方法。

（7）药材有效成分含量有何要求？药典表述"黄芪甲苷照高效液相色谱法（通则0512）测定。色谱条件与系统适用性试验以十八烷基硅烷键合硅胶为填充剂；以乙腈：水（32：68）为流动相；蒸发光散射检测器检测。理论板数按黄芪甲苷峰计算应不低于4 000。对照品溶液的制备取黄芪甲苷对照品适量，精密称定，加80%甲醇制成每1ml含0.5mg的溶液，即得。供试品溶液的制备取本品粉末（过四号筛）约1g，精密称定，置具塞锥形瓶中，精密加入含4%浓氨试液的80%甲醇溶液（取浓氨试液4ml，加80%甲醇至100ml，摇匀）50ml，密塞，称定重量，加热回流1h，放冷，再称定重量，用含4%浓氨试液的80%甲醇溶液补足减失的重量，摇匀，滤过，精密量取续滤液25ml，蒸干，残渣用80%甲醇溶解，转移至5ml量瓶中，加80%甲醇至刻度，摇匀，滤过，取续滤液，即得。测定法分别精密吸取对照品溶液2μl（或5μl）、10μl，供试品溶液10~20μl，注入液相色谱仪，测定，以外标两点法对数方程计算，即得本品按干燥品计算，含黄芪甲苷（$C_{41}H_{68}O_{14}$）不得少于0.080%""毛蕊异黄酮葡萄糖苷照高效液相色谱法（通则0512）测定。色谱条件与系统适用性试验以十八烷基硅烷键合硅胶为填充剂；以乙腈为流动相A，以0.2%甲酸溶液为流动相B，按下表中的规定进行梯度洗脱；检测波长为260nm。

梯度洗脱流动相对照表

时间（min）	流动相A（%）	流动相B（%）
0~20	20→40	80→60
20~30	40	80

对照品溶液的制备取毛蕊异黄酮葡萄糖苷对照品适量，精密称定，加甲醇制成每1ml含50μg的溶液，即得。供试品溶液的制备取本品粉末（过四号筛）约1g，精密称定，置圆底烧瓶中，精密加入甲醇50ml，称定重量，加热回流4h，放冷，再称定重量，用甲醇补足减失的重量，摇匀，滤过，精密量取续滤液

25ml，回收溶剂至干，残渣加甲醇溶解，转移至5ml量瓶中，加甲醇至刻度，摇匀，即得。测定法分别精密吸取对照品溶液与供试品溶液各10μl，注入液相色谱仪，测定，即得"。本品按干燥品计算，含毛蕊异黄酮葡萄糖苷（$C_{22}H_{22}O_{10}$）不得少于0.020%，即按照通则0512，采用高效液相色谱法对黄芪有效成分黄芪甲苷和毛蕊异黄酮葡萄糖苷进行测定，两者含量分别不得少于0.080%和0.020%，并规定了色谱条件与系统适用性试验、对照品溶液的制备、供试品溶液的制备及测定方法。药材有效成分含量也是要特别关注的一点，含量达不到药典标准，就是不合格药材，药材无法采购。药材有效成分含量的高低与品种、生长地环境、栽培管理、生长年限和采收时间都有很大关系。因此，要选择道地药材品种进行种植，掌握和尊重药材生长规律，栽培管理措施要考虑其生长习性，选择适当年限合理采收，以保证药材产量和质量，获得较高收益。

（8）药材饮片的要求？药典表述"［炮制］除去杂质，大小分开，洗净，润透，切厚片，干燥。［性状］本品呈类圆形或椭圆形的厚片，外表皮黄白色至淡棕褐色，可见纵皱纹或纵沟。切面皮部黄白色，木部淡黄色，有放射状纹理及裂隙，有的中心偶有枯朽状，黑褐色或呈空洞。气微，味微甜，嚼之有豆腥味。［鉴别］（除横切面外）［检查］［浸出物］［含量测定］同药材。［性味与归经］甘，微温。归肺、脾经。［功能与主治］补气升阳，固表止汗，利水消肿，生津养血，行滞通痹，托毒排脓，敛疮生肌。用于气虚乏力，食少便溏，中气下陷，久泻脱肛，便血崩漏，表虚自汗，气虚水肿，内热消渴，血虚萎黄，半身不遂，痹痛麻木，痈疽难溃，久溃不敛。［用法与用量］9～30g。［贮藏］置通风干燥处，防潮，防蛀"，即规定了饮片的炮制方法、性状、鉴别方法、检查项目、浸出物要求、性味与归经、功能与主治、用法与用量及贮藏方法，饮片生产企业要多加关注。

13. 2020版《中华人民共和国药典》中哪些药材品种有特殊的检测要求和加工要求？

5种药材要求检测农药残留，分别是人参、甘草、西洋参、红参、黄芪。值得注意的是，2020版药典要求所有植物类药材和饮片中33种禁用农药农残不得检出。

28种药材要求检测重金属及有害元素，分别是人参、三七、山茱萸、山楂、丹参、水蛭、甘草、白芍、白芷、冬虫夏草、西洋参、当归、牡蛎、阿胶、昆布、金银花、珍珠、栀子、桃仁、海螵蛸、黄芪、黄精、葛根、蛤壳、蜂胶、枸杞子、酸枣仁、海藻。

24种药材要求检测黄曲霉含量，分别是九香虫、土鳖虫、马钱子、延胡索、水蛭、陈皮、胖大海、桃仁、僵蚕、柏子仁、莲子、使君子、槟榔、麦芽、肉豆蔻、决明子、远志、薏苡仁、大枣、地龙、蜈蚣、蜂房、全蝎、酸枣仁。

10种药材要求检测二氧化硫残留量，分别是山药、天冬、天花粉、天麻、牛膝、白及、白术、白芍、党参、粉葛。

19种药材要求采用气相色谱法进行含量检测，分别是丁香、八角茴香、土木香、千年健、广藿香、小茴香、天然冰片、艾片、艾叶、金钗石斛、亚麻子、冰片、豆蔻、油松节、砂仁、鸦胆子、麝香、香薷、薄荷。

29种药材趁鲜加工要求切片，分别是干姜、土茯苓、山奈、山楂、山药、川木通、三棵针、片姜黄、乌药、功劳木、地榆、皂角刺、鸡血藤、佛手、苦参、狗脊、粉萆薢、浙贝母、桑枝、菝葜、绵萆薢、葛根、紫苏梗、黄山药、竹茹、桂枝、狼毒、滇鸡血藤、附子。

18种药材趁鲜加工要求切段，分别是大血藤、小通草、肉苁蓉、青风藤、钩藤、高良姜、益母草、通草、桑寄生、黄藤、锁阳、槲寄生、颠茄草、野木瓜、广东紫珠、首乌藤、桃枝、铁皮石斛。

11种药材趁鲜加工可以采用多种切制方法（切片、段、瓣），分别是丁公藤、大黄、天花粉、木香、白蔹、防己、两面针、虎杖、香橼、粉葛、大腹皮。

3种药材趁鲜加工要求切块，分别是何首乌、茯苓块、商陆。

4种药材趁鲜加工要求切瓣，分别是木瓜、化橘红、枳壳、枳实。

2种药材趁鲜加工要求去心，分别是远志、莲子。

14. 什么是药食同源类中药材？包含哪些中药材品种？适合在黑龙江省发展种植或养殖的品种有哪些？

药食同源类中药材是指既能食用又能入药的110个药材品种。包括党参、肉苁蓉、铁皮石斛、西洋参、黄芪、灵芝、山茱萸、天麻、杜仲叶、丁香、八角、茴香、刀豆、小茴香、小蓟、山药、山楂、马齿苋、乌梢蛇、乌梅、木瓜、火麻仁、代代花、玉竹、甘草、白芷、白果、白扁豆、白扁豆花、龙眼肉（桂圆）、决明子、百合、肉豆蔻、肉桂、余甘子、佛手、杏仁、沙棘、芡实、花椒、赤小豆、阿胶、鸡内金、麦芽、昆布、枣（大枣、黑枣、酸枣）、罗汉果、郁李仁、金银花、青果、鱼腥草、姜（生姜、干姜）、枳子、枸杞子、栀子、砂仁、胖大海、茯苓、香橼、香薷、桃仁、桑叶、桑葚、橘红、桔梗、益智仁、荷叶、莱菔子、莲子、高良姜、淡竹叶、淡豆豉、菊花、菊苣、黄芥子、黄精、紫苏、紫苏籽、葛根、黑芝麻、黑胡椒、槐米、槐花、蒲公英、蜂蜜、榧子、酸枣仁、鲜白茅根、鲜芦根、蝮蛇、橘皮、薄荷、薏苡仁、薤白、覆盆子、藿香、人参（5年及5年以下人工种植的人参）、山银花、芫荽、玫瑰花、松花粉、粉葛、布渣叶、夏枯草、当归、山奈、西红花、草果、姜黄、荜茇。

适合在黑龙江省发展种植或养殖的有25个品种，有党参、西洋参、黄芪、灵芝、暴马丁香、小蓟、山楂、马齿苋、火麻仁、玉竹、甘草、百合、沙棘、芡实、麦芽（大麦）、赤小豆、鸡内金、郁李仁、桔梗、荷叶、莲子、莱菔子、淡豆豉（大豆）、菊花、菊苣、黄精、紫苏（籽）、蒲公英、蜂蜜（蜜蜂）、薄荷、薤白、人参、玫瑰花、松花粉等。

15. 不能作为普通食品，但可做保健食品原料的药材品种有哪些？适合在黑龙江省发展种植或养殖的品种有哪些？

人参、人参叶、人参果、三七、土茯苓、大蓟、女贞子、山茱萸、川牛膝、川贝母、川芎、马鹿胎、马鹿茸、马鹿骨、丹参、五加皮、五味子、升麻、天门冬、天麻、太子参、巴戟天、木香、木贼、牛蒡子、牛蒡根、车前子、车前草、北沙参、平贝、玄参、生地黄、生何首乌、白及、白术、白芍、白豆蔻、石决明、石斛、地骨皮、当归、竹茹、红花、红景天、西洋参、吴茱萸、怀牛膝、杜仲、杜仲叶、沙苑子、牡丹皮、芦荟、苍术、补骨脂、坷子、赤芍、远志、麦冬、龟甲、佩兰、侧柏叶、制大黄、制何首乌、刺五加、刺玫果、泽兰、泽泻、玫瑰花、玫瑰茄、知母、罗布麻、苦丁茶、金荞麦、金缨子、青皮、厚朴花、姜黄、枳壳、枳实、柏子仁、珍珠、绞股蓝、葫芦巴、茜草、筚茇、韭菜子、首乌藤、香附、骨碎补、党参、桑白皮、桑枝、浙贝母、益母草、积雪草、淫羊藿、菟丝子、野菊花、银杏叶、黄芪、湖北贝母、番泻叶、蛤蚧、越橘、槐实、蒲黄、蒺藜、蜂胶、酸角、墨旱莲、熟大黄、熟地黄、鳖甲。

适合在黑龙江省发展种植和养殖的品种有人参、人参叶、人参果、刺五加、五味子、升麻、木贼、牛蒡子、牛蒡根、车前草、车前子、北沙参、平贝、白芍、红花、红景天、西洋参、苍术、赤芍、远志、刺玫果、泽兰、玫瑰花、知母、韭菜子、益母草、淫羊藿、菟丝子、黄芪、党参、野菊花、蒲黄、蜂胶等。

16. 药食同源类中药材的发展背景、优势、支持政策及前景如何?

（1）药食同源类中药材产业的发展背景。中国传统的"药食同源"思想即是保健思想的反映。中国人从神农尝百草开始就有保健养生，防病于未然的习惯。早在20世纪90年代，世界卫生组织就曾预言"21世纪的医学，疾病不再作为医学的主要研究对象，人类健康将作为医学研究的主要方向"，这意味着我们现在的医学研究将不再以疾病为主要研究对象，而是以人的健康为研究对象。现阶段是国民追求健康、享有保健的新时代。随着经济的发展，人们对健康的意识逐步增强，社会发展已由发展经济转变为发展健康。现代的人们最关心、最需要的是健康，人们的需求已由吃饱穿暖向健康生活转变，健康成为这个时代人生最宝贵的财富，养生保健成了全民的基本需求，这将是未来的发展方向，同时也为大健康产业、药食同源类中药材产业快速发展创造条件。

（2）药食同源类中药材的发展优势。由于我国计划生育政策的影响，我国一直处于低出生率，老龄人口数量不断增长，老龄化进程加快。根据统计局的数据显示，2010年65岁及以上人口数量合计1.19亿人次，占总人口的8.9%；2011年65岁及以上人口数量合计1.23亿人次，占总人口的9.1%；2012年65岁及以上人口数量合计1.27亿人次，占总人口的9.4%；2013年65岁及以上人口数量合计1.32亿人次，占总人口的9.7%；2014年65岁及以上人口数量合计1.38亿人次，占总人口的10.1%；2015年65岁及以上人口数量合计1.44亿人次，占总人口的10.5%；2016年65岁及以上人口数量合计1.5亿人次，占总人口的10.8%；2017年65岁及以上人口数量合计1.58亿人次，占总人口的11.4%；2018年65岁及以上人口数量合计1.67亿人次，占总人口的11.9%；到2020年，老年人口约有1.8亿，占总人口的13%。由此可见，我国65岁及以上人口数量及占总人口比重呈逐年上升趋势。根据国际通行标准显示，当65岁以上人口占该地区总人口比重达到7%以上时，该地区属于老龄化社会。由于人口年龄结构、生活方式和生态环境的改变，高血压、高血脂、高血糖等心脑血管病，已经成为威胁人民身体健康的重大疾病，并成为家庭和社会的负担，未来的健康产业发展需要关注人民的日常生活。医学研究需要从传统模式向健康养生、治未病模式转变。人类的健康不再只是靠医生、药品，更需要自我管理、自我保健。药食同源中药材通过不断渗透，将成为每个人生活不可或缺的一部分，只有这样才能保护和促进人类的健康。健康养生、"治未病"模式的产生，其核心是管理个人健康，通过日常生活和饮食习惯来改善人类健康状况，从而达到健康养生的目的。根据相关数据统计表明，我国的大健康产业正处于初创期，在发达国家，英国的健康产业占GDP比重的9.8%，德国占11.1%，法国占11.5%，美国占16.8%，而在我国健康产业仅占国民生产总值的5%，由此可见，未来中国的大健康产业将是最具投资价值的行业之一，而药食同源类中药材产业则是大健康产业的重要核心部分，蕴含巨大的发展潜力。

（3）药食同源类中药材发展的支持政策。近几年来，我国出台了许多支持药食同源类中药材的发展政策，先后发布了《"十三五"健康老龄化规划重点任务分工》《中医药健康服务发展规划（2015—2020年）》《中医药"一带一路"发展规划（2016—2020年）》《中医药发展战略规划纲要（2016—2030年）》和《"健康中国2030"规划纲要》。在《"十三五"健康老龄化规划重点任务分工》中提出"要大力提升药品、保健食品和老年产品等的研发水平，扩大相关产业规模"。在《"健康中国2030"规划纲要》中提出"未来健康中国总体战略是以预防为主，推行健康生活方式，减少疾病发生，实现全民健康"，纲要的提出，为整个中医药健康产业的发展和药食同源类中药材产业发展提供了政策性指导。

（4）药食同源类中药材产业的发展前景。根据《中国大健康产业战略规划和企业战略咨询报告》的统计数据显示，2017年中国健康产业市场规模超过6.2万亿元；2018年产业规模已达到7.01万亿元。据相关部门预测，到2030年，我国健康产业规模有望突破16万亿元，成为我国支柱性产业之一。

随着经济的快速发展和人民生活水平的提高，人们在享受现代生活的同时，亚健康状态的人群也越来越多，一些慢性病问题越发突出。国家中医药管理局明确提出"治未病"的医疗指导原则，促进了我国药食同源中药材产业的快速发展。未来十年，是药食同源中药材产业发展的黄金十年，根据发达国家的产业发展经验，我国正在加强国际化步伐，加快健康产业与全球产业链的对接，实现中药健康产业向多元化、高端化发展。一批知名制药企业进军大健康领域，开发中药大健康品牌产品和品牌企业，同时还有多家非相关大型企业跨界转型大健康产业，大健康产业、药食同源中药材产业将成为我国战略性产业的重要力量。

17. 中兽药产业的发展背景、现状和前景如何？中兽药适宜发展的药材品种有哪些？

（1）中兽药产业的发展背景。中兽药，是指以天然植物、动物和矿物为原料炮制加工而成的饮片及其制剂，并在中兽医药学理论指导下用于动物疾病防治与提高生产性能的药物。中兽药在我国流传了几千年，唐代李石的《司牧安骥集》中曾有记载"昔神农皇帝，创制药草八百余种，流传人间，救疗马病"，这反映了我国古代就以中兽药救治牲畜。被中国、日本、朝鲜、越南以及欧美各国相继流传的《元亨疗马集》中，也记载了中兽药的使用方法，400多年来一直作为民间兽医传习范本。近代贾敬敦的《兽医本草》中，介绍了中兽医的基本理论，记载了常用中兽药234种，这些都记录了我国中兽医发展的悠久历史。目前，我国兽药产业中抗菌药物的使用在畜牧生产中所占比例最大，但由于大量地使用抗菌药物，使动物类食品中残留了抗生素，这不仅威胁了畜牧生产和产品安全，还威胁了人类的健康和安全。因此，我国针对兽药的使用发布了很多限制条款。例如，农业部发布的《饲料药物添加剂使用规范》（农业部公告第168号），该规范对金霉素预混剂和杆菌肽锌预混剂等54类饲料药物添加剂的使用进行了具体规定。《兽药禁用清单》中对盐酸克伦特罗等β-兴奋剂类、己烯雌酚等性激素类、玉米赤霉醇等21类药物全面禁止或限制使用，针对兽药的限制使用力度不断加大，同时食品安全作为全球最为关注的问题之一，中兽药成为我国兽药业发展的重要领域，大力研发中兽药及中兽药饲料添加剂是提高我国兽药产品国际竞争力的重要途径。

（2）中兽药产业的发展现状。我国作为世界上中草药资源最为丰富的国家之一，拥有自己独特的中医药学理论体系，中兽药经过了两千多年的实践，流传了独到的治疗之法。随着我国畜禽养殖业的发展，中兽药在使用过程中的优势已受到高度重视，中兽药的应用领域已从大家畜向中小畜禽、鸟兽鱼虫等动物领域发展，并从个体治疗转向了群体治疗，从治病转向防病、治未病。从市场供给情况来看，在全球人口和食品需求持续增长的推动下，从2011年至今，兽药市场规模从271.8亿美元稳步增长到362.7亿美元，兽药市场处于稳步发展阶段。根据统计数据显示，2016年中兽药销售额为43.76亿元，占总市场销售额的9.42%；2017年中兽药销售额为41.44亿元，占总市场销售额的8.76%；2018年中兽药销售额为36.84亿元，占总市场销售额的8%；2019年中兽药销售额为31.33亿元，占总市场销售额的7.1%。由此可见，我国中兽药市场规模较小，并且中兽药以散剂为主，注射液、口服液、颗粒剂、锭剂和灌注剂等多种剂型销售额所占比例较小，与化学药物和抗生素相比，品种和数量仍然较少，应用范围不广。

（3）中兽药产业的发展前景。随着社会经济的发展，人们的生活水平不断提高，人们对饮食需求发生了明显的变化，由

"吃饱"逐渐转变为"吃好"，绿色健康食品应运而生。由于畜牧业为人们提供了丰富的肉、蛋和奶等产品，化学药剂在牲畜机体内残留的抗生素及其他药物，致使人类通过食用这些畜禽产品后，产生人体机体免疫系统功能紊乱而出现一些相关疾病，所以畜牧产品的安全问题被人们日益关注。生产无毒、无害的畜产品，发展绿色健康养殖，成为未来畜牧业发展的主要方向。

农业农村部在2019年发布了饲料"抗禁"令，自2020年1月1日起，停止除中药以外的促生长类药物添加剂的生产和进口；自2020年7月1日起，停止生产含有相关药物饲料添加剂的商品饲料；自2021年1月1日起，停止销售含有相关药物饲料添加剂的商品饲料。养殖业向"减抗"转型的发展方向已势在必行。福建省自2020年1月1日起，停止生产除中药外的所有促生长类药物饲料添加剂品种，鼓励兽药生产企业以中兽药产品为重点，探索抗菌药替代产品；此外，江苏省、河南省也在推进减抗行动，这些都将推动中兽药添加剂替代抗生素的发展。中兽药不仅可以治疗畜禽类疾病，还可以整体提高畜禽类的免疫力、抗病能力，调理机体内各功能器官的机能，完善和强化机体防御系统。吉林省积极倡导推行"用传统中药代替抗生素的畜禽无抗养殖"模式，开展"无抗"试点，推广"无抗"技术，成立"无抗"协会，建设"无抗"基地，创建"无抗"品牌，这将推动中兽药在畜禽疾病的预防和治疗方面的广泛应用，为绿色健康养殖业的可持续发展提供保障。

绿色养殖观念的推进，预防保健观念的深入人心，国际食品安全的控制指标，在这种形式下，针对中兽药具有对牲畜毒副作用小、防治效果显著、在动物类食品中无残留或残留少的优点，使中兽药成为近年兽药行业的新宠儿，这给中兽药产业带来了前所未有的契机。在中兽医药理论指导下，结合中兽药配套技术的应用，将对加强兽医防疫的稳定性有着重要意义。中兽药的应用将在发展绿色健康养殖、为人类提供安全可靠的绿色食品、改变人类生活品质方面发挥巨大作用。

中兽药的适宜发展药材品种包括板蓝根、白芍、苍术、当归、车前子、黄芪、黄芩、黄连、关黄柏、连翘、蒲公英、地丁、白头翁、苦参、龙胆草、大黄、野菊花、山豆根、夏枯草、栀子、金银花、鱼腥草、穿心莲、山楂、麦芽、陈皮、山药、白术、甘草、黄精、使君子、贯众、槟榔等。

18. 新手种植中药材有哪些注意事项？

（1）新手种药，要因地制宜。不同的药材适应不同的生长环境，新手在种植中药材前，一定要对当地的环境、气候、土壤、水分、光照等条件进行了解，这些条件都会影响药材的生产和质量。新手应充分调查生产基地的环境条件，并选择适宜当地种植的中药材品种。

（2）新手种药，不能只看重中药材的价格，投机心态容易使药农上当受骗。新手在选择适宜当地环境优势突出的主导中药材品种的同时，还应选择几个辅助品种搭配种植，在确保种植成功基础上尽量化解市场风险。

（3）缺乏种植经验者，可在价格低廉的土地上，选择容易种植、生长年限相对较短的大宗药材，这类药材成本低，成功率高，要适度发展经营规模，切莫大干快上。待积累一定经验后，再选择投入产出比高的品种种植，并随着经验与实力的增加逐步扩大经营规模。切勿轻信虚假信息，盲目从外地引进药材种子进行规模种植。

（4）新手种植中药材，要先关注市场动向，突出自身优势。切莫逢高入市，盲目跟风种植，要分析品种运行规律，谨慎追逐高价位的品种。通常情况下，生长周期越短的品种市场波动越频繁，生长周期越长的品种，价格波幅越宽。但种植药材投入高、生产周期长，需考虑投入资金量，再确定是否有能力种植多年生品种。

（5）新手种药，选好种子至关重要。多数药材种子都以新产种子为好，新产种子通常有光泽，养分足，发芽能力强。种苗最好就近引种，远距离调运种苗可能存在如下几个风险，其一，运输成本偏高；其二，因气候、土壤等环境条件差异过大造成水土不服；其三，新鲜种苗调运过程中可能会出现高温烧苗现象。

（6）新手种药前必须认真学习所选品种的栽培技术，根据书本与找老药农实地种植经验相结合，确定用种量，切勿盲目听从经销商介绍，为多销售种子或掩盖种子质量问题而夸大亩用种量。根据种子直径确定种植深度，了解播种季节、种植方法、主要病虫害防范措施及加工技巧。

（7）新手种药一定要理性看待种药效益。要充分发挥众人力量，带动周边种植，形成一定规模；充分利用现代信息技术、网络平台等，线上线下扩大宣传，开辟多种销售渠道。

19. 如何根据土壤类型选择中药材品种？

根据土壤类型选择种植的中药材品种时，要充分了解土地的土壤质地和耕层深度。土壤按质地可分为沙土、黏土和壤土三大类型。

沙土含沙量多，颗粒粗糙，养分含量少，耕作阻力小，保水保肥性能差，通气性能好，土温变化剧烈。适合在沙土种植的药材包括甘草和北沙参等。

黏土含沙量少，颗粒细腻，有机质含量略高于沙土，耕作阻力大，保水保肥性能好，但通气性能差。适宜在黏土上种植的药材不多。

壤土性质介于沙土和黏土之间，土质疏松，易于耕作，保水保肥性能强，透水良好，适宜于药材种植。但壤土也分为黏壤土和沙壤土。黏壤土的耕作阻力要大于沙壤土，保水保肥能力强，但通气性差。土壤过于黏重，种植根类药材时，分叉现象严重，多年生药材易患病，起收困难，产量低。所以黏壤土不太适合根类药材种植，可以选择种植花类、全草类、叶类和果实种子类药材，例如紫苏、红花、菊花、薄荷、藿香、荆芥等。但要切记，即使是收花、全草、叶和果实种子为主的药材，黏壤土地块也不可低洼存水，地块含水量过大也不适合此类药材生长。如果地块常年含水量较多，可以种植返魂草等喜水喜肥的药材品种。沙壤土，也称沙质壤土、夹沙壤土，其含沙量较高，同时含有少量粉粒及黏粒，具有土粒间的结合性；干时可成块，但易破碎，湿时可感觉黏性，以手握之，小心抚弄不致破碎，以手搓之可成为易碎的粗条。沙壤土保水保肥性能好，通气好，易于耕作和起收，是种植根类药材的优质土壤，如黄芪、板蓝根、赤芍、白鲜皮等均适宜种植。

选择沙壤土种植根类药材时，还要注意的一个问题就是沙壤土耕层的深度。一般来说，沙壤土深度至少要30cm以上，才能保证根类药材的基本生长。有些地区，虽然是沙壤土，但耕层过浅，下方土壤依然是黏土或者黏壤土，也会存在药材根部下端分叉、难以起收和产量低的问题，这些地区就要选择如苍术等根系较浅的药材品种种植。

20. 如果土壤是重黏土和重沙土，种植药材时是否有改良的方法？

重黏土的土质黏重，结构紧密，耕作困难，且土壤缺乏养分，尤其是缺磷氮，土壤深厚，保水保肥能力较强。重沙土的土质疏松，透水透气性好，但保水保肥能力差，蒸发量大，土壤养分含量少，有机质分解快，养分易释放而不易积累，因此肥效短，药材生长后期易脱肥。

重黏土和重沙土都可以通过深耕、增施有机肥料、种植绿肥的方法来进行改良。重黏土可以每年每亩施入15~20t的有机肥进行改良，农家肥必须充分腐熟，最好是马粪、羊粪等热性肥料，提倡早施、多量少次；也可每年每亩地施入沙土10~15t，连续两年，配合有机肥施用，可以有效改良土壤。重沙土可以在春耕或秋耕时将各种厩肥、堆肥翻入土中，或秸秆还田，并配施铵态氮肥和磷肥等不易流失的可溶性化学肥料；有条件的也可利用洪水灌溉，冲积淤泥，每年每亩施淤泥1t以上，几年后土壤肥力可大幅提高；沙层较薄的土壤通过深秋压沙的方式，将底层的黏土与沙土掺和，或移入客土降低其沙性。

但药材种植本身就投入较高，从减少投入、增加效益的角度来说，土壤改良要量力而为，最好的方法还是根据土壤类型选择适合种植的药材品种。

21. 什么是土壤的pH值？对中药材生长有什么样的影响？不同pH值的土壤适合种植什么药材品种？

土壤pH值是衡量土壤酸碱性的指标，不同的酸碱度影响着土壤微生物的活动和土壤中化学元素的含量，从而影响植物的生长和发育。我国将土壤酸碱度分为5级：pH值<5.0，为强酸性土壤；5.0<pH值<6.5，为酸性土壤；6.5<pH值<7.5，为中性土壤；7.5<pH值<8.5，为碱性土壤；pH值>8.5，为强碱性土壤。一般说来，我国南方土壤多为酸性，北方多为碱性。

当土壤pH值超出药材最适范围，随着pH值的增大或减小，药材生长受阻，发育迟缓，大多数植物在pH值>9.0或pH值<2.5的情况下都难以生长。偏酸、偏碱或盐碱土都会不同程度地降低土壤养分的有效性，破坏土壤结构，抑制微生物活动，影响作物养分的转化和供应，也容易产生各种有毒物质，或虫害发生严重，从而影响药材的生长。

对中药材来讲，酸碱度为中性土壤最好，但有些药材品种也偏向于喜欢弱酸性或弱碱性土壤。例如，喜好中性或微酸性土壤（pH值一般在6.0～7.5）的药材品种有金莲花、五味子、党参、升麻、刺五加、人参、西洋参、藁本、龙胆、桔梗、玉竹、牛蒡子、返魂草、赤芍、紫苏、防风、黄精等；喜好中性或微碱性土壤（pH值一般在7.5～8.0）的品种有板蓝根、红花、射干、黄芪、远志等；喜好中性土壤的品种有柴胡、苍术等。有些品种对pH值要求不严，微酸、中性、微碱均可种植，如丹参、黄芩、当归、穿山龙等。也有些品种耐碱性较好，如甘草、枸杞、蒲公英等。有些药材品种较耐盐碱，在轻度盐碱地可以种植，例如红花、北沙参、水飞蓟、射干、牛蒡子、甘草、知母等。但如果土壤碱性或盐碱过重也会影响这些药材品种的生长。

22. 如何判断种植药材的土壤是酸性土壤还是碱性土壤？如果药材田酸碱度不合适，是否需要改良？如何改良？

一般来说，判断土壤是酸性土壤还是碱性土壤，主要根据

6个方面：土源、土色、质地、手感、浇水后土壤情况及地表植物种类。酸性土壤主要是山林中土壤或沟壑中腐殖土，例如松针腐殖土和草炭腐殖土；一般颜色较深，多为黑褐色；土壤疏松，肥沃，通透性好；土壤握在手中感觉较松软，松开后土壤容易散开，不易结块；土壤浇水以后下渗较快，不冒白泡，水面较浑；一般地表生长松树、杉类和杜鹃等植物。碱性土壤主要是北方平原地带较多，一般呈碱性或盐碱性；一般颜色较浅，多呈白色、黄色，有些盐碱地区土表常有一层白色；土壤质地坚硬，容易板结；土壤握在手中感觉硬实，松手后易结块而不散开；浇水后，下渗较慢，水面冒白泡，起白沫，有时表面还有一层白色的碱性物质；地表植物多为谷子、高粱和卤蓬等。另外，也可以通过用pH试纸来测试土壤的酸碱性，pH试纸可以在化学药剂商店或者网上购买，每包试纸中配有比色卡。可以取部分土样浸泡于凉开水中，将试纸的一部分浸入浸泡液中，后取出，观察其颜色的变化，与比色卡中颜色最接近的对应数值，即为该土壤样品的pH值，依照酸碱度分级来判断土壤的酸碱程度。每年各地区农技推广部门也会测量本地区的土壤酸碱性，可以进行询问，或者把样品送到土壤检测部门进行精确检测。

药材种植投入成本要远高于其他作物，从减少投入的角度来说，最好是依据现有土壤条件选择适合的药材品种。如果当地的土壤过酸或者过碱，又没有其他土壤可以选择的情况下，可以进行土壤改良。对于酸碱度不适合的土壤，最好是多施用有机肥，例如腐熟的农家肥，有机肥可以提高土壤的缓冲性能，增加有机质含量，从而改良土壤性质，提高保水、保肥和通气性，是调节土壤酸碱度最根本的措施。对于过酸的土壤，可以亩施草木灰40~50kg，中和酸碱性；在施用化肥时，应该选择施用碳酸氢铵等碱性肥料，选择磷肥时则选施钙镁磷肥。对于pH值5.5以下酸性较强、土质黏重、有机质含量较高的土壤，可以在施用有机肥的基础上，亩施石灰50～100kg，每隔2～3年施用一次。对于过碱的土壤，在施用化肥时，选择施用易溶性酸性化肥，例如氯化铵、过磷酸钙等。对于碱性较强的土壤，可亩施硫酸钙15～25kg，调节土壤碱性；也可施用稀释过的硫酸亚铁，或少量多施稀释过的硫酸铝，或腐植酸肥，但要注意适量使用，以免造成土壤盐渍化现象。

23. 中药材种植是否可以在同一块土地上连年种植同一种药材？什么是轮作？轮作时，选择茬口时要注意些什么？

在同一块土地上连年种植同一种药材，会导致土壤营养物质偏耗，有毒物质积累，伴生杂草增多，导致药材植株生长不良，病虫害加重，产量和质量大幅的下降，这种现象称为连作障碍。绝大多数药材都不可连作，尤其是根茎类药材，例如人参、三七、北沙参、党参、黄芪、赤芍、玉竹、桔梗等。因此，药材种植中要特别注意进行合理的轮作。

轮作是指在同一块土地上轮换种植不同种类植物的种植方式。合理的轮作不仅可以提高土壤的肥力、减少病虫害、有效改善田间生态条件，而且能够克服自身排泄物的不利影响，提高单位面积的产量。

选择茬口对于药材的合理轮作是非常重要的。一是对于绝大多数药材来说，前茬选择玉米这类禾本科作物较好，后茬适宜种植各类药材（人参、西洋参除外），但要注意前茬除草剂残留问题，尽量选择未喷施药物或者喷施低毒低残留药剂的土地，以免对后茬药材产生药害。如果选择大豆茬，一定要注意前茬除草剂残留问题，多数大豆除草剂残留期较长，容易对后茬药材产生影响，要弄清前茬除草剂施用类型、施用剂量及除草剂残留期长短。二是药材与作物或蔬菜等同属同一科或同属某些病、虫的寄主或取食范围，不可连作，例如前茬是大豆，后茬就不可选择同属豆科的黄芪、甘草、苦参等种植；前茬是向日葵，后茬就不可选择同属菊科的水飞蓟、红花、菊花进行种植；枸杞与马铃薯有相同的疫病，红花、菊花、牛蒡等易受蚜虫为害，轮作时茬口就要避开。三是薄荷、荆芥、紫苏等以收叶类或全草类的药材要求土壤肥沃，需氮肥较多，应选豆科作物或蔬菜作前茬；桔梗、柴胡、党参、紫苏、藿香等小粒种子药材，播种覆土轻浅，容易受草荒为害，应选豆科或收获期较早的中耕作物作前茬。四是有些药材轮作周期长，要单独安排轮作顺序，例如人参、黄连、地黄等。五是有些药材品种能耐短期（2～3年）连作，例如菊花、菘蓝，但长期连作也会造成不利影响。

因此，种植中药材时，要尽可能地轮换土地，进行合理轮作，充分利用土地资源，协调不同中药材对水分和养分的需求，改善田间生态条件和土壤理化性质，减轻病虫草害影响，达到药材种植的高产、高效、可持续发展。

24. 什么是中药材间作、混作和套种？间作、混作和套种的实施原则是什么？实际生产中有哪些例子？

药材间作是指一个生长季内，在同一块田地上分行或分带相间种植两种或两种以上生育季节相近的植物的种植方式。药材混作是指在同一块田地上，同时或同季节将两种或两种以上生育季节相近的植物按一定比例混合撒播或同行混播种植的方式。间作利用行间，混作利用株间。套种是药材种植中常用的方法之一,是指在前季植物生长后期,在其株行间播种或移栽后季植物的种植方式。套种可以阶段性地充分利用土地,提高土地复种指数,提高土地总产量。有些套种模式中,前季植物还为后季药材提供适宜的生长环境,有益于药材生产。

间作、混作、套种均是在人为控制下形成的合理复合群体结构,保证既有较大的叶面积延长光能利用时间,又有良好的通风条件和多种抗逆性能,充分利用光、热、水、肥、气等环境资源,达到增产增效的作用。合理利用间作、混作、套种要注意以下3个方面:一是要选择适宜的药材种类和品种,要选择高秆与矮秆、阔叶与细叶、深根系与浅根系、喜光与耐阴,喜温与喜凉、耗氮与固氮的植物搭配,另外,间作、套种时主栽植物生育期要长于副栽植物。二是要建立合理的密度和田间结构,主栽植物所占比例要大于副栽植物,密度要接近单作时密度,副栽植物密度要低于单作时。三是要合理运用田间管理措施,保证不同植物对水分和养分的需求,因品种不同协调好适宜的栽培措施,保证间、混、套作植物丰收。

实际生产中,单独间作或间作、混作结合利用,套种则经常利用玉米、大豆、小麦或幼龄果林套种药材。例如,山东1行大葱与3行桔梗间种,山西利用芝麻、绿豆与远志、黄芩进行间作,也有地区赤芍与豆科植物间作,玉米与穿心莲、菘蓝、半夏等药材间作,还有玉米混种大豆、间作贝母的模式。陕西省猕猴桃1~3年幼龄果园套种板蓝根,山东省利用山樱桃套种桔梗,有些省份,也有大豆套种防风或柴胡、芝麻套种柴胡、甘草套种大豆、玉米套种远志的生产模式。在黑龙江省,大庆和齐齐哈尔地区常用玉米套种防风或柴胡,即玉米正常播种,6月中下旬封垄前播种防风或柴胡种子;玉米生长为药材出苗提供遮蔽,减少水分蒸发，维持土壤墒情，促进种子萌发，保证出苗整齐，也为药材幼苗生长提供一定的遮阴效果，防止阳光直射对幼苗生长的影响，同时当年可以收获玉米，增加收入。小麦产区可在小麦三叶期播种柴胡进行套种，当年正常收获小麦的情况下，也保证了柴胡的出苗率和幼苗生长。

黑龙江省玉米套种防风技术要点如下。

（1）选地整地。应选地势高燥、排水良好的沙壤土地块种植，在黏土地种植的防风，根极短、分叉多、质量差。整地时深翻35cm以上，结合整地每亩施用腐熟农家肥3 000～4 000kg、过磷酸钙15～20kg，作130cm宽畦。

（2）播种。防风种子很小同时喜阴，春季墒情不好或没有灌溉条件的地区，播种可以采用玉米套种防风技术，玉米品种选用机收品种。

玉米播种时间：根据当地玉米播种时间确定，在第三积温带，4月25日开始播种，130cm大垄、垄上双行，使用播种机播种。

防风播种时间：待玉米长到30cm以后进行播种，使用悬空式播种机播种，种子要均匀播撒在地表面，确保出苗率。

（3）苗期管理。玉米播后5d进行封闭灭草，各地根据土质不同应采取不同的药物施用，避免产生药害，以致防风不出苗，面积小的待玉米苗出后采用人工除草，玉米苗15cm左右第一次中耕。

防风播种40d左右出苗，一般在6月底左右进行二次除草，各地根据不同土地类型采用不同的药剂除草，同时第二次中耕，注意不要破坏垄形，避免对幼苗造成伤害。

（4）玉米收获。为了避免对防风幼苗伤害，玉米收获应在冬季11月中旬进行收获，收获机器选择茎穗兼收机收获，秸秆离田。

（5）翌年防风种苗田间管理。春季进行秸秆清理作业，对秸秆压到幼苗的进行二次秸秆离田，做到田间无秸秆、无玉米叶，确保防风种苗的正常生长。防风萌动前追施腐熟有机肥1 500～2 000kg，生长旺盛期可追施叶面肥、磷酸二氢钾或微生物菌肥。

（6）排灌。在播种或栽种后到出苗前，应保持土壤湿润。防风抗旱能力强，不需浇灌。雨季要及时排水，以防积水烂根。

（7）打薹。对两年生以上的植株，在6—7月抽薹开花时，除留种外，发现花薹时应及时将其摘除，一般一年2～3次。

（8）收获。一般在春季4月15日左右、秋季9月20日左右收获。使用药材收获机械和人工捡拾。

（9）加工保存。收获之后放入晾晒棚或晒场直接晾晒。若量大收获的鲜品经简单处理后放入冷库中储藏，冷库温度控制在-10℃左右。

黑龙江省小麦套种柴胡技术要点。

（1）选地整地。选择沙壤土或腐殖质土的山坡地栽培，不宜选择黏土和易积水的地段种植。播前施足基肥，亩施腐熟农家肥1 500kg左右、过磷酸钙15kg，均匀撒入，翻耕25～30cm，而后仔细耙平，作宽100～130cm的平畦或30cm宽的高垄备播。

（2）播种。小麦于冻融期进行播种，小麦三叶期播种柴胡，为5月上旬，播前应浇透水，待水渗下，坡地稍平时按行距17～20cm条播。沟深1.8cm，均匀撒入种子，覆土0.7～1.0cm，亩用种量1.5～2kg，播种后保持土壤湿润。

（3）田间管理。柴胡幼苗期怕强光直射，出苗前保持土壤湿润，出苗后要经常锄草松土。在苗高3cm时拔除过密的苗。苗高7cm时结合松土除草，按7~10cm株距定苗。苗长到17cm高时，亩追施过磷酸钙15kg、尿素5kg。在松土除草或追肥时，注意勿碰伤茎秆，以免影响产量。第一年新播的柴胡茎秆比较细弱，在雨季之前应中耕培土，以防止倒伏。无论直播或育苗定植的幼苗，生长第一年只生长基生叶，很少抽薹开花。翌年田间管理时，7—9月花期除留种外，植株及时打蕾。

（4）病虫害防治。

锈病：由真菌引起，为害叶片，病叶背略呈隆起，后期破裂散出橙黄色的孢子。防治方法：采收后清园烧毁，发病初期喷50%二硝散200倍液或粉锈宁，每隔10d喷施1次，连续2~3次。

根腐病：主要为害柴胡的根部，腐烂枯萎死亡。防治方法：打扫田间卫生，燃烧病株，高畦种植，注意排水。土壤消毒，拔除病株。

斑枯病：雨季发生，用1∶1∶100波尔多液喷雾防治。

黄凤蝶：属鳞翅目凤蝶科，在6—9月发生为害。幼虫为害叶、花蕾，吃成缺刻或仅剩花梗。防治方法：人工捕杀或用90%敌百虫800倍液，每隔5~7d喷1次，连续2~3次。

（5）采收加工。播种后生长3年即可采挖。秋季植株开始枯萎时，春季新梢未长出前采收。采挖后除去残茎，抖去泥土，晒干或切断后再晒干，亩产干品120~180kg。置通风干燥处，防蛀。

25. 哪些中药材品种适合林区种植？

林区土壤一般为腐殖质深厚的暗棕壤，保水保肥能力好，透气性能强，自然条件优良，非常适合药材生长；树林有一定遮阴效果，可以为阴生或耐阴药材提供良好的生长环境。林下套种或间作药材可以有效利用林下资源，提高林下土地利用率，同时也能增加"退耕还林"后林区职工和农民的经济收入。

若是生长缓慢的幼生林或树龄1~2年果树，尚未封行，遮蔽效果不强，可以选择套种或间作柴胡、黄芪、黄芩、知母、远志、菊花、板蓝根、赤芍、桔梗、北沙参等喜光药材；成年疏林或树冠树叶稀疏的果树，可以种植百合、贝母、黄精、玉竹、金莲花、刺五加、五味子、白鲜皮等耐阴湿药材；成年人工林或树冠树叶稠密的果树，可以种植人参、西洋参、半夏、灵芝、天麻、猪苓、细辛等阴生或喜阴湿药材。

林区种植中药材的主要目的是充分利用林下空旷闲地资源，实现农民增收，不可一味追求效益，舍本求末，种植药材的同时要注意对树林的保护。因此，首先，要选择以收全草、茎叶、花或果实等地上部分为主的药材品种，最好是一年种植多年受益，如刺五加、五味子、金莲花、蒲公英等；其次，可选择种植需多年后才能收获或种后不必连年翻耕的药材品种，如赤芍、白鲜皮、猪苓等；最后，根类药材种植时要注意与树木的间距，种植根类药材不可距离树木过近，以免收获时损失树木根系，也可以利用机械在树根部铺设隔离布。

26. 不同中药材品种对光照强度和光周期有何要求？实际生产中应该注意哪些方面？

光照是影响药材生长发育的重要因素之一，根据光照强度可以将药材分为阳生药材、阴生药材、耐阴药材3种类型。阳生药材，也称喜阳药材，喜欢生长在光照充足的地方，若光照不足，则影响其生长发育，产量下降，例如北沙参、远志、火麻仁、益母草、荆芥、红花、菊花、甘草、龙葵、知母、牛蒡子等。阴生药材，也称喜阴药材，不能忍受阳光直射，喜欢生长在阴湿环境或林下，例如人参、西洋参、石斛、三七、细辛、淫羊藿、天南星等。耐阴药材，也称中间型药材，处于喜阳和喜阴之间，在日光照射良好的环境下能正常生长，轻微荫蔽的环境也能较好生长，例如苍术、赤芍、紫花地丁、柴胡等。

还有些药材品种，幼苗期不喜阳光直射，阳光过足甚至影响其生长发育，但成龄植株又需要一定的光照或者大量光照。这就要求实际生产中，幼苗期进行适当的遮光处理，例如与高秆作物间作或套种，架设遮阳网等；成苗后适当减少遮蔽率或直接撤掉遮阳网。穿山龙、升麻、党参、金莲花、白鲜皮出苗及幼苗期均不喜强光照射，幼苗后期或成苗后植株则需要光照。又如，五味子具喜光性，但苗期喜阴，需适当遮光，7片叶前期需遮光50%，林下种植具耐阴性，耐郁闭度0.6～0.7；后期喜光，但也怕烈日强光，林下70%左右透光度为宜。黄精忌强光直射，种子发芽和幼苗期要求遮阴度在60%～70%；成熟前两年，则要适当减少遮阴增加光照。

光周期是指一天中白天和黑夜的相对长度，其影响植物的花芽分化、开花结实、分枝习性以及某些地下器官的形成。根据药材对光周期的不同反应，可分为长日照药材、短日照药材和日中性药材3类。长日照药材要求日照长度必须大于某一临界，即日照一般为12～14h，或者暗期必须短于一定时数才能开花，例如红花、当归、萝卜、牛蒡子、黄芪、赤芍等。短日照药材要求日照长度只能短于其所要求的临界日照，即一般为12～14h，或者暗期必须超过一定时数才能开花，例如紫苏、菊花、穿心莲、苍耳、龙胆等。日中性药材则对光照长短没有严格要求，任何日光下都能开花，例如水飞蓟、蒲公英、返魂草等。

在实际生产中，若从外地引种，就要考虑引种药材品种能否适应本地区的光周期；种植以收获营养器官（根、茎、叶）为主的药材时，可通过调节日照长度（遮光处理），抑制其生殖器官的生长发育，配合水肥，促进营养器官生长。

27. 不同中药材品种对水分的适应能力如何？中药材生长过程中对水分的需求量是怎样的？是否有特殊需水时期？

水分在药材生长过程中发挥着至关重要的作用，根据对水的适应性不同，可分为旱生药材、湿生药材、中生药材、水生药材4种类型。旱生药材能在干旱的气候和土壤环境中维持正常的生长发育，具有高度的抗旱能力，例如芦荟、仙人掌、麻黄、景天科植物等。湿生药材生长在潮湿的环境中，蒸腾能力强大，抗旱能力差，水分不足就会影响生长发育，以致萎蔫，例如毛茛、秋海棠、灯芯草等。中生药材对水的适应性，介于旱生药材与湿生药材之间，绝大多数陆生药材均属此类，其抗旱与抗涝能力都不强。水生药材生活在水中，根系不发达，根的吸收能力很弱，疏导组织简单，但通气组织发达，例如莲、芡实等。

中药材生长发育各个阶段对水分的需求是不同的。通常情况下，从种子萌发到出苗，需水量很小，一般维持田间持水量在70%为宜；幼苗期土壤含水量应保持在田间持水量的50%~70%；生长中期（快速生长期）营养器官生长较快，生殖器官（现蕾期开始）很快分化，土壤含水量保持田间持水量的70%~80%；生长后期（结实期）各个器官增重成熟，需水量减少，土壤含水量保持在田间持水量的60%~70%。即前期需水量少，中期需水量大，后期需水量中。

　　药材在生长发育过程中有两个时期对水分的需求最为敏感，即出苗期和开花前后，被称之为需水临界期。这个时期若水分缺乏，则会造成产量和质量下降，后期即使补充水分也无法恢复损失。对于大部分药材而言，虽然种子萌发到出苗对水分的需求量很小，但很重要，缺水会导致出苗不齐，缺水过多会发生烂种烂芽现象，影响药材后期生长。因此，出苗期获得适宜的水分对药材生长十分重要。另外，水分对植物地上部分和地下部分生长的影响不同，通常水分充足，对地上部分生长有显著促进作用。实际生产中，可通过水分合理调控来调节药材生长。若以收地上部分为主的药材就可以提供充足水分；若以收地下部分为主，就要适当减少水分供应，甚至轻微干旱更有益根部次生代谢产物的积累，提高药材的产量和质量。

　　28. 如果所在地区比较干旱，有哪些方法可以确保中药材正常生长？

　　黑龙江省西部干旱半干旱地区，春季风沙较大，十年九旱，或者所在地区春季干旱，土壤墒情不好，可以采取以下几种办法确保药材生长。

　　（1）选择种植耐旱药材品种，例如远志、柴胡、防风、知母、射干、月见草、蛇床子、水飞蓟、艾草、红花、桔梗、板蓝根、蒲公英、甘草、北沙参等。

　　（2）尽量在秋季进行整地，秋季就做好深翻、旋耕、起垄（作畦）等工作，春季直接播种，保持土壤墒情；有些药材品种可以在秋季上冻前播种，翌年春季即能出苗。

　　（3）如果只能春季进行播种，播种后有条件的情况下进行灌溉，后利用松针、秸秆、稻草等进行覆盖，直至药材出苗再撤去覆盖物。

（4）有条件的地区架设喷灌或滴灌进行灌溉，以确保药材出苗。多数药材出苗整齐后，尤其是根类药材，除遇到极为干旱情况外，否则不用进行灌溉；但要注意雨季及时排水，谨防涝害发生，可以采用起高畦、挖沟排水的方式预防。

（5）有些药材品种可以选择与玉米、大豆进行套种，玉米、大豆封垄前播种药材，前期播种的作物可以有效为药材遮阴，维持土壤含水量，保证出苗。

29. 不同中药材品种对温度有什么要求？同一中药材品种不同生育阶段对温度的要求是否一致？

温度是影响药材生长发育过程的重要因素之一，不同药材对温度的适应程度不同，可分为耐寒药材品种、半耐寒药材品种、喜温药材品种、耐热药材品种4种类型。耐寒药材品种通常生长在北方高纬度或高海拔寒冷地区，一般能忍耐-2～-1℃的低温，短期内可忍受-10～-5℃的低温，最适生长温度一般在15～20℃，例如人参、细辛、百合、当归、五味子、平贝等。半耐寒药材品种通常生长在中纬度或中海拔地区，能短时间忍耐-2～-1℃的低温，最适生长温度为17～23℃，例如枸杞、黄连、知母等。喜温药材品种一般生长在南方低纬度或低海拔地区，整个生长发育过程都要求较高的温度，最适生长温度为20～30℃，温度低于10～15℃则不利于散粉，引起落花落果，例如金银花、川芎等。耐热药材品种通常生长在低纬度地区，生长发育对温度要求较高，最适生长温度为30℃左右，例如丝瓜、罗汉果、槟榔、砂仁等。

药材从种子萌发，到幼苗生长，再到开花结果各个生长阶段对温度的要求都不一致，一般与自然界从春季到秋季的气温变化相吻合。种子萌发需要的温度较高，最适温度多数在18~22℃，温度过低或过高都会影响种子萌发。当然也有个别品种萌发温度偏低或偏高，例如当归种子在6℃即可萌发，10~20℃萌发率不断提高，超过20℃则萌发率下降；远志种子在20~25℃时，种子萌发率在70%左右，25~30℃时萌发率大幅提升。幼苗生长的最适温度比种子萌发时稍低，进入快速生长期后，对温度的要求比幼苗期高。整个生长发育阶段，生殖生长对温度要求最高。温度在一定范围内，药材花芽分化随温度的升高而加快，花粉活性及散粉能力也对温度有一定要求。另外，适宜的温度促进药材种子成熟，温度过高则种子不饱满，过低则种子瘦小、成熟推迟。对于根茎类药材来说，夏末秋初温度在20℃左右时最适合地下器官的生长，根茎生长速度较快，产量增加；进入秋季后，昼夜温度变化对其根部生长及次生代谢产物的形成尤为重要。另外，很多药材品种，尤其是原产于冷凉气候条件下的药材，例如刺五加、白鲜皮、赤芍等，其种子必须经过一定低温才能打破芽或种子的休眠，否则翌年不会萌发。可以选择种子成熟后即进行播种，或与湿润的细沙混合后进行低温沙藏处理，翌年再进行播种。

30. 中药材生长对不同营养元素的吸收有什么要求？

中药材的生长和产量品质的形成，需要各类营养元素的供应，目前已知的必需营养元素有碳、氢、氧、氮、磷、钾、钙、镁、硫、硅、铁、锰、硼、锌、钼、铜、铝、镍、钠19种。这些营养元素都是药材生长必不可少的，缺少其中任何一种都有可能导致药材生长受阻、发育不良，严重影响其生命活动，降低药材产量和品质。药材生长对氮、磷、钾的需求量最大，被称为肥料三元素。

氮是蛋白质、叶绿素和酶的主要成分，对药材生长发育极为重要。若氮缺乏，药材植株叶片变黄，生长瘦弱，开花早，结实少，产量低。适量增加氮肥，植株枝叶茂盛，生长健壮；但氮肥过量，会使茎叶徒长，易倒伏，抵抗力减弱，影响生殖生长。以收花和收籽为主的药材，一定要注意氮肥的适量施用。

磷是细胞核的重要组成成分，可以加速细胞分裂和生殖器官的发育形成。若磷缺乏，叶片呈暗紫色至紫红色，药材生长发育停滞，生殖生长受抑制。适量增加磷肥可以防止落花落果，增加植株抗病抗逆能力；但磷肥过量，叶片会出现小焦斑。以收花和收籽为主的药材，生殖生长期间可以增加磷肥的施用量。

钾能增强植物的光合作用，促进碳水化合物的形成运转和储藏。若钾缺乏，药材易倒伏，抗病虫能力减弱，根系发育不良，老叶开始枯萎变褐，并逐渐向上扩展。适量增加钾肥可以增强植株抵抗能力，促进根茎发育，使种子肥大饱满；但钾肥过量，果实出现灼伤病，贮藏时易腐烂。

在中药材生产中，以收花和收果实为主的药材，幼苗期需要大量的氮肥、少量的磷肥和钾肥，生殖生长期需要大量磷肥、少量氮肥；以收根为主的药材，一般情况下，幼苗期需要较多的氮肥、适量的磷肥和少量的钾肥，根茎形成期则需要大量的钾肥、适量的磷肥和少量的氮肥。另外，豆科药材具有固氮能力，一般不需要过多使用氮肥，需要较多的磷肥和钾肥。从药材对氮、磷、钾的需求量上来看，薄荷、紫苏、荆芥、藿香等对氮肥的需求量较大，五味子、枸杞等对磷的需求量较大，人参、甘草、黄芪等对钾的需求量较大。

31. 中药材种植如何选址、选地？

中药材种植选址，首先，要考虑当地的生态环境是否适合药材生长，主要考虑年生长均温、年均降水量、年均相对湿度、年均日照等产地区域生态因子是否适合。其次，选址要选择生态环境条件良好，产地区域和灌溉上游无或不直接受工业"三废"、城镇生活、医疗废弃物等污染，避开公路主干线、土壤重金属含量高的地区，不能选择冶炼工业（工厂）下风向3km内；空气环境质量应符合GB/T 3095—2012中一、二级标准值要求；灌溉水应符合GB 5084—2005的规定要求；土壤应符合GB 15618和NY/T 391的一级或二级土壤质量标准要求。

中药材种植适宜选择土层深厚、土地平坦、质地疏松、有机质含量高的沙质土壤，地下水位适宜，最好略有坡度，排水良好，土壤pH值适宜；不宜选低洼、黏重、易积水或盐碱土壤；前茬以禾本科作物为宜。

32. 坡地种植中药材时，对山地坡度有什么要求？

坡地种植中药材不易积水，对根类药材而言十分有利。山地的坡度是指地表单元陡缓的程度，通常把坡面的垂直高度和水平方向的距离的比称为坡度。坡度可分为7级：0°～5°为平坡，6°～15°为缓坡，16°～25°为斜坡，26°～35°为陡坡，36°～40°为急陡坡，41°～45°为急坡，46°以上为险坡。一般来说，10°～20°的缓坡和斜坡比较适合种植药材。细辛坡度在10°比较适合，黄精和黄芪生产田坡度要求小于15°，刺五加、玉竹坡度要求小于20°。如果采用仿野生的方式种植黄芪，则选择坡度25°～40°的山地为宜。

33. 什么是阳坡和阴坡？不同中药材品种如何选择山地坡向？

阳坡和阴坡指的是山地坡向。阳坡是朝南或西的坡向，一天中9—15时（面）朝向太阳的山坡，即太阳照射温度高的时候（照射）朝向太阳的一面。阴坡是朝东或北的坡向（背向太阳），即与阳坡反向的山坡。通常阳坡上的动植物种类比阴坡要多，雪线也高于阴坡。

适合阳坡种植的中药材品种有草乌、黄芪、甘草、远志、柴胡、藁本、丹参、黄芩、半夏、天麻、蛇床子、菟丝子、紫苏、水飞蓟、益母草、艾草、金莲花、防风、板蓝根、蒲公英等。

适合阴坡种植的中药材品种有人参、西洋参、五味子、黄精、当归等。

适合半阴半阳坡种植的中药材品种有刺五加、升麻、丹参、苍术、玉竹等。

适合阳坡或半阴半阳坡种植的中药材品种有桔梗、细辛等。

适合阴坡或半阴半阳坡种植的中药材品种有党参等。

34. 中药材种植如何整地？

整地时间最好选择在秋季，植物收获后、土壤封冻前进行。秋季深耕后的土壤经过冬季冰冻，质地疏松，春季土壤持水力高、土壤温度高，秋耕还可以减少杂草基数，降低菌核虫卵存活率。若秋季无法整地，则在春季进行。春季整地要提早进行，土壤化冻后即可。

一般情况下，深耕深度在30～40cm，黄芪、甘草等深根系药材可以适当加大深度，平贝、苍术等浅根系药材可以适当降低，但要综合考虑中药材品种、气候特点和土壤特性；土壤质地偏黏重适合深耕，土壤质地重沙质则适合浅耕，少雨干旱地区不宜深耕。另外，深耕要求熟土在上，不可把大量深土翻上来，深耕后要耙细、整平土地，若在山坡地种植，应横坡整地。整地时选择在晴天进行，结合整地施用腐熟的有机肥料，有利于改良土壤、增加肥力。

35. 中药材生产中，常见的肥料有哪些？都有什么特点？如何施用？

肥料种类很多，通常可分为无机肥料、有机肥料、微量元素肥料、微生物肥料和药材专用肥。

无机肥料就是指化学肥料，包括氮肥、磷肥、钾肥和复合肥料。其主要特点是有效养分高、体积小、易溶于水、肥效快，能被植物直接吸收利用；缺点是成分单一、肥效短，长期单独大量使用会造成土壤板结，耕作性能变差，甚至破坏土壤团粒结构。药材生长中，多用作追肥使用，要与有机肥或复合微生物菌肥配合施用，一般中药材离收获30d以内不可施用。

有机肥料，又称农家肥，是动植物腐烂、残体及排泄物或将其与土混合堆沤制成的肥料，包括堆肥、沤肥、厩肥、绿肥、沼气肥、饼肥、秸秆肥、草木灰、泥肥和商品有机肥。其主要特点是种类多、来源广、肥效长，有机质含量高，含有植物所需的氮、磷、钾三元素和其他多种营养元素。长期施用能够更新土壤有机质，促进微生物活动，增进土壤的团粒结构改良。药材生产中，有机肥料是最理想的肥料，一般用作基肥施用，可以增强植株抗逆性，提高产量和品质。

微量元素肥料，主要包括铁肥、锰肥、锌肥、铜肥、钼肥、硼肥等。其主要特点是用量甚微，但又必不可少，常见品种有硫酸亚铁、硫酸亚铁铵、硫酸锰、硫酸铜、硫酸铵、硼砂和硼酸等。药材生产中，多与基肥配合施用，或追肥时叶面喷施，也可与适量农药混合配施用于病虫害防治。

微生物肥料，又称菌肥，是利用能改善植物营养状况的土壤微生物制成的肥料，包括根瘤菌肥料、固氮菌肥料、磷细菌肥料、硅酸盐细菌肥料及复合微生物肥料。主要特点是用量少、成本低、无毒、无害、不污染环境、效果好，能提高土壤养分转化。药材生产中，在酸性土壤和缺乏有机质的土壤中不宜直接施用，影响肥料效果，需经土壤改良后才能施用，不可在强光暴晒下施用；常配合磷、钾肥及其他微量元素施用。另外，现在市场上微生物菌肥众多，质量良莠不齐，购买和施用时，要选择正规厂家生产的优质肥料。

中药材专用肥料，是结合当地条件和不同中药材品种的需肥规律而研发的专用肥料。研发过程中，综合考虑专用肥组方原则、成分配比、剂型及施用规范，且经严格试验后施用。主要特点是针对性强，氮、磷、钾配比合理，能够改良土壤供肥特性，提高地力，减少污染，保护环境，促进土壤微生态供需平衡良性循环。

36. 中药材种植过程中施肥的基本原则是什么？

（1）有机肥料为主，化学肥料为辅。药用植物多为多年生草本或木本，以收根和根茎为主的药材品种占70%左右，它们生长周期长，需要肥效持久、营养全面，且对土壤有较好改良作用的肥料，因此以有机肥料施用为主，根据不同药材的需求，适当追施氮、磷、钾肥及微量元素肥料。

（2）基肥为主，追肥为辅。以有机肥料作为基肥施用，可以为药材整个生育期内提供生长所需养分，质量高且施用量大，一般占施肥量的一半以上。基肥宜深施，结合整地时施用，将基肥均匀撒于地表，再翻耕入土。根据不同药材需求，例如全草类植物快速生长期或花果类药材开花前后，按需追施化学肥料或有机速效肥料。

（3）根据药材营养特性，氮、磷、钾肥配合施用。药材品种不同，需肥特性不同，不同时期对氮、磷、钾的需求也不相同。施肥时，要根据药材对营养元素的吸收，有规律、按比例地进行。一般来说，药材生长过程中，对氮肥需求量最大，磷、钾肥按需配合施用，有条件的地区最好进行测土配方施肥。

（4）根据当地土壤和气候特点施用肥料。对于肥力高、有机质含量多、熟化程度高的土壤，增施氮肥作用较大，增施磷、钾肥效果小或无效果；对于肥力低、有机质含量少、熟化程度差的土壤，施用磷肥的效果显著，施用磷肥基础上再施用氮肥，才能发挥出氮肥的效果。对于黏性土壤应多施有机肥，结合炉灰、沙子，以疏松土壤，增加透气性，并将速效肥作为种肥和早期追肥施用；对于沙性土壤，应多施有机肥，追肥时要少量分期多次施用；兼有沙土和黏土特性的混合土壤，应有机肥和无机肥相结合施用。对于处在低温、干燥的季节和地区，最好施用充分腐熟的有机肥料，以提高土壤的温度和保墒能力，且要早施深施，最好将化学氮肥、磷肥和腐熟的农家肥，一起作基肥、种肥、追肥施用；对于处在高温、多雨的季节和地区，肥料分解快，植物吸收能力强，要多施迟效性肥料，追肥应少量多次，以减少养分损失。

（5）肥料选择要符合相关规定和要求。堆肥、厩肥、沤肥、饼肥、沼肥等农家肥需经高温发酵，完全腐熟无害化；未经国家或省级农业部门登记的化肥或生物肥料禁止使用，禁止施用城市生活垃圾、工业垃圾、医院垃圾，禁止施用抗生素超标的农家肥。肥料的施用要按照说明书进行施用，最后一次追肥必须在收获的前30d进行。

37. 中药材种植时必须施用腐熟的有机肥，那么对肥料进行腐熟无害化处理时，卫生标准是什么？腐熟度鉴别指标是什么？

腐熟的有机肥料要求必须高温发酵，以杀灭各种寄生虫卵和病原菌、杂草种子，达到无害化标准。

高温堆肥的卫生标准为：最高堆肥温度50～55℃，持续5～7d，蛔虫卵死亡率在95%～100%，粪大肠菌值为10^{-2}～10^{-1}，有效抑制苍蝇滋生，周围无活蛆、蛹或新羽化的成蝇。

堆肥腐熟度的鉴别指标为：秸秆变成褐色或黑色，有黑色汁液，有氨臭味，铵态氮含量显著增高；手握堆肥，湿时柔软，有弹性，干时很脆，易破碎，失去弹性；取腐熟的堆肥加清水搅拌肥水比为1:（5～10），静置3～5min，堆肥浸出液呈淡黄色；碳氮比一般为（20～30）:1；腐殖化系数30%左右。

38. 不同畜禽类粪便制作有机肥料，有什么区别？

人粪尿是一种养分含量高、肥效快的有机肥料，其养分含氮量高、磷和钾含量少，经腐熟无害化处理后呈流体和半流体，用水稀释后即可施用，适用于大多数土壤。但因含1%左右的氯化钠，故盐、碱土或排水不良的低洼地应少用。

猪粪质地较细，含纤维少，养分含量高，腐熟无害化处理后能形成大量腐殖质和蜡质，保水保肥性好。猪粪后劲长，长苗壮棵，使籽粒饱满，适用于各种土壤。适合药材施用，可作底肥，也可作追肥。

牛粪粪质细，含水量高，通气性差，分解缓慢，发酵时温度低，故称其冷性肥。牛粪养分含量低，氮含量少，一般作底肥施用，对改良质地粗、有机质少的沙土具有良好效果。

马粪中纤维素含量高，疏松多孔，含水量少，分解快，发热量大，为热性肥，对改良质地黏重的土壤有良好效果。

羊粪粪质细密干燥，肥分浓厚，其中有机质、氮、磷和钙含量均比猪、马、牛粪高，可与猪、牛粪混合堆积，使肥劲"平稳"，适合于各种土壤。

鸡、鸭、鹅家禽类粪便必须经腐熟无害化处理后施用，否则粪便内氮素无法被植物吸收，还会毒害根系生长。鸡粪中有机质含量高，鹅粪中有机质含量略低，与家畜粪相当。家禽粪便腐熟后也是优质的有机肥料，常作为追肥施用。

39. 中药材施肥的基本方法有哪些？

施肥的基本方式包括条施、穴施、撒施、根外追肥、环施和拌种、浸种。

条施是药材施肥中最常用的方法之一，主要用在药材播种或移栽前结合整地，或在生育期植株封行前结合中耕除草，在行间或行列附近开浅沟的方式，将肥料施入土中，然后覆土的方法。

穴施是先在地上挖穴，把肥料撒入穴内，然后覆土的方法，主要在药材播种时或定植时使用。

撒施是在翻耕地后或作畦前，将有机肥料均匀撒于地表，然后结合耕地翻入土中，是施用基肥的常用方法。有些药材品种需要密植，后期封垄后也可采用撒施的方法进行施肥。

根外追肥是在药材生长发育期间，将水溶性肥料的低浓度溶液喷施在药材地上部分的一种追肥方式，用于药材生长的后期，对氮、磷、钾大量元素的补充。对于微量元素而言，根外追肥也是主要的施肥方式。一般大量元素水溶液浓度在1%~2%，微量元素水溶液浓度在0.01%~0.1%为宜。

环施是在药材基部开环形沟，将肥料施入沟中，晾3~4h后再覆土的方法，多用于木本药材。

拌种、浸种是在播种或幼苗扦插时施用的肥料，算是种肥的一种。拌种是将肥料与种子均匀混拌后播种；浸种是将种子在可溶性肥料制成的溶液中浸泡一段时间后，再捞出晾干播种，也可用于蘸根或浸根。拌种、浸种所用肥料必须对药材种子或幼苗没有毒害作用，且浓度适宜。

40. 中药材种植选择平播、垄作还是畦作好？

中药材选择平播、垄作还是畦作，与药材品种、生长特性、种植目的、地势等有关。

一般来说，以收籽或全草为主，且需要密植的药材品种多选择平播，例如水飞蓟、紫苏、荆芥等。平播是指深耕、耙细、整平土地后，直接平地开沟种植的方式，根据不同药材品种要求按10~25cm行距进行条播，也可撒播。此方法节省土地，可以机械播种，但田间管理如除草、松土需要专用机械或人工进行，雨季雨水过大要及时排涝。

以收根为主的药材选择垄作或畦作，一般育苗田多畦作，生产田可垄作也可畦作。

黑龙江省垄作一般起65~70cm的大垄，垄上单行或"拐字苗"形式种植药材，适合根茎类药材或株型较大药材品种。其便于田间管理，机械铲蹚更加方便。

畦作可分高畦、平畦和低畦。高畦适合根茎类药材，一般宽100～130cm，高15～25cm，畦上按10～25cm行距进行条播或撒播。高畦能提高土温、加厚耕层，便于排涝，育苗田和生产田均可以采用。平畦畦面与步道相平，四周围起略高于畦面的土埂，其便于浇水，保水性能较好，适合地下水位低、土层深厚、排水良好的地区。低畦畦面低于步道，适合种植喜阴湿性药材，在降雨少、易干旱地区可以采用。畦作方向多为南北向，坡地作畦，畦的方向要与坡向垂直。畦作较垄作节省土地，可以合理密植，产量高，但中耕除草只能对畦间铲蹚，畦面上作业对药材条播整齐度要求较高，需对机械进行改良。

41. 中药材常见的繁殖方式有哪些？

中药材常见的繁殖方式包括无性繁殖和有性繁殖两种。

无性繁殖是指利用植物营养器官具有再生能力和分生能力来繁殖和培育新个体的一种繁殖方式。药材生产上使用较多的无性繁殖方式包括分离繁殖、扦插繁殖、压条繁殖和组培快繁。

分离繁殖是指将植株营养器官从母株上分离下来，另行栽种而培育成独立新个体的栽培方式，是药材种植中常用的繁殖方式。例如草乌等可利用母株块茎繁殖，黄精、玉竹、穿山龙、北豆根、锦灯笼等可利用母株根茎繁殖，百合、贝母等可利用母株鳞茎繁殖，丹参、远志等可利用母株根段进行繁殖，赤芍等可利用芽头进行繁殖，细辛、苦参等可利用分株的方式进行繁殖。分离繁殖时间大多在秋末或早春植物休眠期内进行，对种栽的要求是形态大小基本均匀，顶芽饱满，无腐烂、无病斑、无机械损伤。分离繁殖方法简单，成活率高，能极大缩短药材成熟时间。

扦插繁殖是截取植物营养器官的一部分，栽入土壤或其他基质中，经生根、发芽形成完整新植株的繁殖方法。根据扦插材料不同，可分为根插法、叶插法和枝插法，生产上使用较多的是枝插法，例如刺五加、菊花、藿香、五味子。枝插扦插要求木本植物选用一二年生枝条，草本植物选用当年生幼枝或芽，扦插时根据节间长短不同剪成6～20cm的小段，保证每段有2～3个芽；上切面在芽的上方1cm处，下切面在节的稍下方，常绿树的插枝剪去叶片或只留顶端1～2片半叶；将插枝按一定株距斜倚沟壁，上端露出土面为插枝的1/4～1/3，覆土压实。扦插繁殖经济简便，繁殖系数大。

压条繁殖是指将母株部分枝条压入土中或其他湿润材料包裹生根后，再与母株分离，经栽植成新个体的方法。压条繁殖一般在夏末秋初进行，多用于灌木，例如五味子。

组培快繁是根据植物细胞的全能性，在无菌条件下，利用植株的细胞、组织或器官，在人工控制营养和环境的条件下繁殖新个体的方法。其是目前应用最多、最广泛、最有成效的现代生物技术，多用于名贵品种、新育成或新引进的稀有品种或基因工程植株的快速繁殖。一般用于具有较高社会效益和经济效益的药材品种，如浙贝母、铁皮石斛、绞股蓝等。

中药材的有性繁殖是利用种子发育形成新个体的繁殖方法，又称种子繁殖。大部分药材品种均可利用种子进行繁殖，实际生产中利用最为广泛，方法简便，经济繁殖系数大。但有些药材品种种子繁殖后代易发生变异，且药材成熟年限较长。

42. 中药材适宜的播种时期是什么时候？

在黑龙江，一年生药材品种均在春季播种，时间为4月中下旬到5月中旬。有些品种适合早播，例如水飞蓟、党参，春季土地开化后即可播种，早播有利于扎根，促进生长。有些品种需要地温稳定在一定范围内才能播种，例如板蓝根，地温稳定在10℃时播种，一般在5月7日左右，过早播种，种子经春化，当年易抽薹开花，影响药材品质；红花在地温4℃时即可播种；紫苏在桦南、鸡西等地，一般在5月15日之后播种最佳。

对于大多数多年生药材而言，春季、夏季、秋季均可以进行种子直播，根据药材品种、当地气候、种植方式等因素综合考虑，合理安排播种时期。春播一般在4—5月，例如黄芪、甘草、桔梗等药材；夏播一般在6月中下旬开始，例如平贝、细辛；秋播在9月中下旬到上冻前进行，例如北沙参、紫草等。有些药材品种，因种子具有休眠特性，需要经过低温层积处理打破休眠才能正常发芽，如果不进行人工处理，秋季种子成熟后即要尽快进行播种，例如白鲜皮、赤芍等。

另外，还要考虑当地春季气候条件和土壤条件，春季干旱又无灌溉条件的地区就要考虑和其他作物间作、套作，适时晚播。

43. 中药材选种有哪些注意事项？

种子是药材生产的源头，是发展优质药材生产的前提，优质药材种子（苗）是决定中药材质量的重要因素之一。但由于现阶段中药材种子生产经营管理办法尚不完善，专业种子（苗）繁育基地尚在建设中，导致药材种子（苗）市场混乱。大多数农民从药材种植户或无证经营者处购买种子，容易上当受骗，一旦购买到低质、掺假和问题种子，将严重影响种药收益。因此，选种要特别注意以下几方面。

（1）了解市场行情。药材是典型的经济作物，价格随市场行情波动较大，价格高峰时选择种植，收获时药材价格可能处于低谷期；同样，某种药材紧俏时，种子价格也会相应上涨，有时短时间内价格能相差几倍到几十倍，加之前一年种子产量并未增加，极易购买到低质种或陈旧种，种子质量无法保证，增加了农民种植投入和风险。因此，要及时关注市场行情，随时掌握药材和种子的价格走势。

（2）认清种子基源。由于地方用药习惯及地方习用品种等问题，同一植物在不同地区商品中归类不同，同一商品名有可能包括不同的植物，造成了同名异物、异名同物的现象时常发生。品种不同，质量也不相同，售出价格差距很大。因此，查阅《中华人民共和国药典》，认清药材种子基源十分重要，唯有基源植物品种才为我国入药正品。非基源植物种子所产出的药材为伪品，不可进入国内药厂。

（3）认清产地，选择适宜本地种植的种源。道地药材的质量不仅与产地有关，而且与种质有关，不同产地的种子虽然都是一个物种，但种植后长势、抗病性、抗寒力、药材质量都与种植地环境有很大关系。因此，春季选种时，不要盲目从外地引进新的药材品种或种源，要选择适宜本地气候和环境条件的种子，尽量选择本地种源，不要盲目跟风购买。

（4）选择优质种子，严防购买到掺假种子。市场上将价格低廉的相似假种当真种出售，或将假种掺到真种中贩卖的现象比较严重，例如，将马齿苋科植物栌兰的种子作为人参种子出售，将沙苑子种子掺混到黄芪种子中出售等。另外，药材种子生命力相对较短，多数药材种子常温下储存超过1年，发芽率会大幅下降，如防风、柴胡、北沙参等。很多商家将陈种当新种出售，或将陈种掺入到新种中出售，还有的采取一定的手段，将陈种子进行加工后再出售，例如，将白芷陈种子用硫黄熏，将桔梗种子用鞋油上色，或将炒熟的柴胡种子混在新种中等。因此，购买种子时，尽量选择信誉较好或有经营许可的商家处购买，务必索要发票或凭证，签订质量保证协议。最好去购买地实地考察，切忌随意在网上或从不认识、不熟悉的商贩手中购买。

44. 中药材种子的寿命如何？生产中能否使用陈种子？

中药材种子的寿命是指种子从发育成熟到丧失生活力所经历的时间，即在一定环境条件下能保持生活力的最长年限。药材种子因品种不同，寿命差异较大，但总的来说，在实际生产中最好使用新鲜种子。

一方面，大多数药材品种种子寿命较短，即使寿命稍长，其发芽率也会因贮藏时间变长而减低。例如，当归、柴胡、紫苏、甘草、人参、桔梗、苍术、防风等药材种子常温下寿命只有1年，2年种子的发芽率会大幅下降，有些品种甚至无法发芽。

另一方面，药材种子的寿命与贮藏条件有关，贮藏不当，种子寿命也会大幅缩短。一般情况下，药材种子经充分干燥后装入容器内，置于阴凉、干燥、相对湿度维持在50%以下的储存室内，短期贮藏保持室内温度在0～5℃，中长期贮藏保持温度在-20～-10℃。

45. 中药材种子是否需要春化处理？

春化是指由低温诱导而促进植物开花的现象。对于有冬性的一年生谷类作物而言，春化十分重要。对于药材而言，二年生药材品种如莱菔子、荠菜、当归、白芷等及多年生药材品种菊花等需要进行春化处理，以控制其开花结籽。春化的有效温度一般在0～10℃，最适为1～7℃。因药材品种的不同，春化温度和时间也不同。

在药材生产中，可利用春化处理使植物开花，也可人为干扰春化过程，阻止其抽薹。例如，种植当归时，若起收药材，可通过控制温度和水分，避免春化而防止其过早抽薹；若采种，则需低温春化处理，促使其开花。板蓝根种植时，地温稳定在10℃以上时再进行播种，避免低温春化使其第一年就抽薹开花，影响药材质量。

46. 中药材种子是否存在休眠现象？造成休眠的原因及解决方法有哪些？

药材种子存在一定的休眠现象，很多药材种子由于内在因素或外界条件的限制，即使条件适应一时也不能发芽，这是植物抵抗和适应不良环境的一种保护性生物学特性，像人参、赤芍、白鲜皮等种子都存在休眠特性。但并不是所有药材种子都有，例如蒲公英、红花的种子就没有休眠特性，可以随时播种。

导致种子休眠的原因有很多，常见于以下3个方面。

一是种皮障碍，有些药材种子种皮厚实，或含胶质、油脂等不透水而难发芽，例如穿心莲等种子。这类种子可以通过机械摩擦等物理方法或浓硫酸浸泡等化学方法破坏种皮打破休眠。

二是胚未成熟，这类种子虽然外观成熟，但胚的形态或生理还未成熟，需要进一步转化才能打破休眠。例如，人参、西洋参、刺五加等药材种子需要高低温刺激才能萌发，即前期需要高温发育完成胚的形态发育，后期需要一定时期的低温完成生理上的转变；乌头、黄连、麦冬等药材种子需要低温湿润条件才能完成胚后熟，生产上常采用秋播或低温沙藏的方法破除休眠；赤芍、玉竹、细辛等药材种子属于上下胚轴休眠，需要先高温破除下胚轴休眠，后需要低温解除上胚轴休眠，即"暖温下生（胚）根，低温后长（胚）芽"，这类种子收获后即可播种，否则需要沙藏处理。

三是种子含抑制萌发物质，这类种子中含有氢氰酸、氨、植物碱、有机酸、乙醇等物质，抑制了种子的萌发，例如桔梗、山楂等。这类种子常采用浸泡或外源物质刺激的方式提高发芽率。

47. 鉴别中药材种子是否能正常发芽的方法有哪些?

新鲜中药材种子颗粒饱满，表面有光泽，购买种子时要到有资质和信誉良好的正规销售商处购买。判断种子是否新鲜，最简单的方法就是测定其发芽率。将50~100粒种子放入铺有湿润滤纸的培养皿中，或直接播种在装土的花盆中，置于25℃培养箱或室内，保持培养皿或土壤中水分充足，7~10d可观察药材种子发芽情况。通过发芽率高低判断种子是否新鲜。有些药材种子发芽时间较长，也可通过测定种子生活力的方法来判断。大致做法为：30℃温水浸泡药材种子2~6h，种子吸水膨胀后，沿种胚中央刨开，浸入含0.1%的红四氮唑（TTC）溶液中，20℃左右室温处理40~60min，取出种子，清水冲洗，观察种胚染色情况。种胚为红色证明其生活力良好，即有潜在发芽能力。

48. 中药材种子播种前都有哪些处理方式?

中药材播种前对种子进行处理，可以为种子萌发和后期幼苗生长创造良好条件。可分为种子精选、消毒和催芽等种子处理方法。

首先，要对药材种子进行精选。一般来说，要求播种的种子纯度在96%以上，种子净度不低于95%，发芽率不低于90%。

但由于药材种子的特殊性，有些种子自身发芽率就较低，因此也要综合考虑不同药材品种发芽率的差异性，但要尽可能地进行精选，采用风选、水选的方法清除空瘪、病虫种粒、杂草种子、秸秆碎片和泥沙等。

其次，要对种子进行消毒。可选用低毒低残留的杀菌剂对药材种子进行拌种或浸种处理。一般将种子在清水中浸泡5～6h，然后浸入药剂中，按规定时间消毒，捞出后用清水冲洗，稍晾干后即可播种。

最后，可对种子进行萌发处理。其一，可以选择一定时间清水浸泡或冷热水变温浸泡种子，使种子吸水膨胀，例如党参、北沙参、桔梗等小粒种子可以置于20℃清水中浸泡6～12h，穿心莲等种皮坚硬的种子可置于50～70℃热水中，待水温降到25～30℃时再恒温浸种10～48h；浸种过程最后5～6h换一次水，种子吸水膨胀后捞出播种或催芽。其二，可以利用破皮、摩擦等机械方法损伤种皮，增加种皮的透性，例如黄芪和甘草可用细沙或碾米机处理种子，再进行温水浸泡。其三，可以选用浓硫酸等化学药剂或赤霉素等植物激素浸种处理，提高种子发芽率。其四，对于具休眠特性的种子要进行层积处理，以打破休眠。其五，可以对药材种子进行包衣或丸粒化，包衣内可加入杀菌剂、杀虫剂、微生物肥料和营养调节剂等，处理后种子发芽率高，便于机械化播种。

49. 中药材播种的基本方式有哪些？

中药材播种的基本方式包括条播、穴播、撒播。

条播是按一定行距在畦上或垄上直接开沟，将种子均匀撒入沟中的播种方式。条播种子出苗整齐，植株分布均匀，通风透光好，植株健壮，便于中耕除草和施肥，适合机械化管理，是药材播种最常用的方式，一般药材品种均可用此方法播种。

穴播是在畦上按一定株行距或在垄上一定株行距的方式开穴，每穴放入 2~3 粒种子的方式。穴播出苗后每穴除去病弱苗，只留一株健壮植株，其适合大粒种子或生长期较长、植株较大的药材品种。穴播减少了播种量，也便于机械化管理，有些珍贵、珍稀或种子量少的药材可以用精量穴播的方式播种。

撒播是在畦面上均匀撒种的播种方式，适合小粒种子，育苗田常用此法。但撒播种子用量大，不利于机械化管理。

50. 如何确定中药材种子的播种量？

种子的播种量是指单位亩面积土地上播种种子的重量，其与药材品种、播种方式、播种密度、种子净度、种子千粒重、发芽率及播种地气候、环境条件有关。计算公式如下：

$$播种量（g/亩）= \frac{每亩需苗数量 \times 种子千粒重（g）}{种子净度（\%）\times 种子发芽率（\%）\times 1\,000}$$

其中，种子千粒重是指风干状态 1\,000 粒种子的绝对重量；种子净度指去掉杂质和废种之后，留下的好种子的重量占样品总重量的百分比；种子发芽率是指发芽终期正常发芽种子粒数占供检种子粒数的百分比。

实际生产中，计算播种量时，还要考虑田间耗损，耗损系数在 1%~20%，种子越小，耗损越大；采用穴播的方式，播种量一般小于条播，条播小于撒播；育苗田播种量要远大于种子直播田。

51. 如何确定中药材的播种深度？

药材种子的播种深浅和覆土深度直接影响种子的萌发、出苗整齐度和植株的生长。播种深度与药材品种、种子大小、生物学特性、土壤状况、气候条件等多种因素有关。一般来说，大粒种子播种深度稍深，小粒种子稍浅；质地疏松的土壤可适当深播，黏重板结土壤则要浅播。

药材种子播种后，覆土厚度一般为种子大小的3倍左右。像柴胡、防风、蒲公英、紫苏、桔梗等小粒种子覆土切不可过厚，否则不易出苗或出苗不齐，干旱或春季土壤墒情不好的地区尤其要注意。

52. 中药材育苗和移栽时有哪些注意事项？

育苗移栽是中药材常见的种植方式。育苗可以有效利用土地，一般1亩药材育苗田可以移栽10～15亩生产田；育苗也可保证出苗率，培育壮苗，提高种植成活率，实现药材种植的优质高产。育苗田最好选择在生产田附近，要求土壤疏松肥沃、土层深厚，以避风向阳、灌溉方便的地块为宜。整地要求深耕、耙细、旋平，精细整地作畦，结合整地施入适量腐熟的农家肥。育苗田多数在春季播种，畦上按10～20cm进行条播或撒播，播种量大于生产田数倍，以保证足够苗量。出苗前要保证土壤墒情，可架设小拱棚或畦面覆盖秸秆、松针等覆盖物，最好有灌溉设备，保水保墒，以保证出苗整齐。出苗后，一般按株距2～3cm进行间苗定苗，具体株行距根据药材品种不同而定。一般在当年秋季或翌年春季进行移栽，木本药材一般培育1～2年才进行移栽。

中药材移栽时间依品种和当地气候而定，一般选择春季或秋末阴天无风或晴天傍晚进行。移栽时先按一定行株距挖沟或挖穴，沟深15～25cm，移栽苗最好随挖随栽，按苗的粗细、大小、长短分级，除去病弱株。移栽时保证根系伸展不卷曲移至沟内或穴内。根据药材品种不同选择横栽、斜栽或直栽，黄芪、丹参等药材适合横栽，党参、桔梗等适合斜栽，木本类药材则适合直栽，鳞状茎、球状茎或芽头要保证顶芽向上。覆土要细，压实，使根系与土壤紧密结合，不"跑风"。仅有地下部分的幼苗，要全部覆土掩盖，覆土超过根头2～3cm。移栽后要及时浇水，消除根际空隙，提高土壤供水能力。

53. 中药材种植如何进行间苗、定苗和补苗？

间苗、定苗和补苗是药材田间管理中一项控制植物密度的技术措施。间苗是药材出苗后适当拔除一部分过密、瘦弱和染病虫的幼苗，选留壮苗。间苗宜早不宜迟，过迟，幼苗生长过密，植株细弱，易患病虫害；苗过大时，间苗容易带起过多土壤，影响其他植株生长。一般来说，幼苗长到3～5cm即可开始间除弱苗，种子直播生产田进行2～3次间苗定苗，前1～2次为间苗，最后1次为定苗，具体间苗定苗时期根据药材品种而定。间苗定苗同时，可以结合补苗。间出的健壮植株带土移栽至缺苗处进行补苗，补苗最好选阴天或晴天傍晚进行，补苗后浇足定根水，保证成活。

54. 中药材种植如何进行中耕、培土和除草？

中耕是药材生长期间对土壤进行的表土耕作，是借助畜力、机械力使土壤疏松的作业方式，其具有增加土壤通透性、提高土温、清除杂草及减少病虫为害的作用。结合中耕把土壅到植株基部，称为培土。中耕、培土的同时，也进行除草工作，所以也常称为中耕除草。中耕、培土、除草的时间、次数、深度因药材品种、环境条件和耕作程度而不同。一般来说，深根系药材品种中耕深度较深，浅根系药材品种中耕深度较浅；苗期植株中耕除草易勤，成株期中耕除草易少；天气干，土壤黏重，应多中耕；雨后或灌水后应及时中耕，防止土壤板结；一般药材进行2~3次中耕除草，培土可以结合第二、第三次中耕进行，封垄前结束；干旱地区和干旱季节不宜培土；封垄后可根据杂草程度进行人工除草。

55. 中药材种植如何合理追肥？

药材植株定苗后，可根据植株生长情况适时追肥。追肥时期，除定苗后追施外，一般在药材萌芽前、现蕾开花前、果实采收后及休眠前进行。追肥一般选用速效肥料，药材植株生长前期多施用人粪尿、尿素、氨水、硫酸铵、复合肥等的含氮较高的液体速效性肥料，生长后期多施用过磷酸钙、磷酸二氢钾、充分腐熟达到无害化的有机肥等。追肥的方法一般选择根外追施、根侧追肥，不能直接喷施的化学肥料，可于行间开浅沟条施。根侧追肥时，肥料不能与根直接接触，施后应灌水。叶面追肥一定要使肥料充分溶解，浓度不宜过大，以免烧伤叶片。另外，施肥量要适宜，不可一味追求产量，过度施肥，以免因肥水过大导致药材性状不合格。

56. 中药材种植如何进行灌溉排水？

灌溉排水是药材生长过程中一项重要的田间管理措施。药材因品种不同，整个生育期耗水量差异很大，同时种植地自然条件和栽培措施也会影响田间需水量。一般来说，出苗期及开花前后对水分比较敏感，需要充足的水分才能保证苗齐株壮，籽实饱满，因此干旱或墒情不好的地区要注意及时灌溉。药材灌溉一般在早晨或傍晚进行，以减少水分蒸发，且不会因土壤温度骤变影响药材生长。常用的灌溉方法包括沟灌法、浇灌法、喷灌法和滴灌法。沟灌法即将水直接引入畦沟或垄沟内进行灌溉的方法，不需要特殊设备，但需水量大，常常造成浪费，适合条播或行距较宽的药材。浇灌法是直接浇灌于植物穴内的灌溉方法，适合水源缺乏或不利灌溉的地区。喷灌法是利用水泵和管道系统，在一定压力下，把水喷到空中，散为细小水滴，如同降雨一样湿润土壤的灌溉方式，其节水、省工，工作效率高，但需要一定设备，投资较大。滴灌法是利用低压管道系统，把水或无机肥料的水溶液通过滴头以点滴方式均匀缓慢地滴到根部的灌溉方式，比喷灌可节约用水 20%～50%，非常适合药材育苗使用，是一种值得推广应用的方法。

排水是土壤水分调节的另一项措施。田间持水量过大或雨季积水过多时，应及时排水，以防止药材烂根，影响生长。目前最常用的措施主要是明沟排水和暗沟排水。明沟排水即在地表开排水沟排水，但此方法占地多，且不利于机械化作业；暗沟排水则是在田间挖暗沟或在土壤中埋入管道排水，此法不占土地，便于机械作业，但耗费较多劳力和器材。另外，在选择种植地时，尽量选择有一定坡度、不易积水地段种植。

57. 中药材种植如何进行覆盖、遮阴和搭架？

覆盖、遮阴和搭架是田间管理的一项措施，但并非所有药材都需要，要根据药材品种、环境条件、栽培措施而定。

覆盖是利用薄膜、稻草、落叶、谷壳、废渣、草木灰、秸秆、草帘或泥土等覆盖地面、调节土温的一项措施。干旱地区或春季墒情不好的地区，对播种后药材进行覆盖可以保水保墒，提高地温，保证药材出苗整齐；夏季覆盖可降温，也可防止或减少土壤中水分的蒸发，避免杂草滋生；冬季覆盖可防寒，保证药材安全越冬。

遮阴是通过搭盖遮阳棚、架设遮阳网、与高秆作物套种或间作、林下种植等方式遮蔽阳光的一项措施。一般来说，阴生植物如人参、三七、西洋参等，必须保证合理的遮阴条件才能生长良好；五味子等药材苗期也需要遮阴，避免高温或强光直射。由于植物对光的反应不同，要求遮阴的程度也不一样，要根据植物种类和不同生长发育阶段，调节遮阴措施的透光性。

搭架是针对一些攀缘、缠绕和蔓生药材品种生长到一定时期，需架设支架，以利支撑或牵引蔓藤向上生长的措施。搭架可以使药材枝条生长分布均匀，增加叶片受光面积，促进光合作用，降低湿度，减少病虫害发生，也能在一定程度上增加产量。一般来说，如党参这种株型较小的药材品种，只需在株间用竹竿搭架；如五味子等株型较大的药材品种，则需要立桩或搭设架棚，让蔓藤匍匐在棚架上，以利生长。

58. 打顶、摘蕾对中药材生长有什么好处？

药材种植过程中，打顶、摘蕾是比较重要的田间管理措施，人为调节植株体内养分的重新分配，从而促进药用部分生长发育，可以有效增加药材产量，提升质量。

打顶是指摘除植株的顶芽，去除顶端优势，抑制主茎生长，促进侧枝生长，或抑制地上部分生长，促进地下部分生长。例如，菊花、红花等以花为主的药材品种可以通过打顶，促进分枝，增加花的数量，提高产量；薄荷等以叶为主的药材在分株繁殖时，通过打顶可增加其茎叶产量。

摘蕾是指摘除花蕾，植物开花结实会消耗大量营养，影响根中有机质积累，适时合理的摘蕾可使养分集中供给地下部分，提高药材产量和品质。例如，防风适时打薹可以防止根的木质化，有益于保证药材品质，《中国药典（2020版）》要求的药材防风为"春、秋二季采挖未抽花茎植株的干燥根"。黄芪生产田进行摘蕾，可使产量提高5%～10%；苍术摘蕾可提高10%～15%。对于药材种子田或以收花或果实为主的药材品种而言，合理的疏花疏果可以促进花大、果大、籽实饱满，产量提高。

打顶、摘蕾都应选择在晴天进行，不宜在雨露时进行，以免引起伤口腐烂、感染病菌，影响植株生长。

59. 温度过低或过高对中药材生长有什么影响？如何防范？

低温所造成的寒害和冻害是影响药材产量和质量的非生物危害之一。寒害是指0℃以上低温对药材造成的危害，多体现为春季突然降温对刚破土幼苗及返青后根芽生长造成影响。冻害是指0℃以下低温对药材造成的危害，多体现为秋末霜冻对尚未起收药材根茎的影响。例如，黑龙江地区秋季若不能及时起收牛膝，若遇低温，牛膝根部表皮易变黑，发生冻害，影响产量和质量；该地区种植丹参也存在此种问题。另外，冻害也会造成个别药材品种无法越冬，大量死苗。

解决措施包括：一是要选择适合当地气候条件的药材品种，黑龙江地区尽量选择当地药材品种或当地种源的种子进行种植，不要随意从外地引种；二是调节播种期，通常出苗期和花期抗寒能力较弱，可以适当调整播种期，避开寒潮；三是采用覆盖、包扎、培土、秋末灌水或烟熏等措施预防寒害和冻害的发生，或降低危害程度；四是霜降前追施腐熟的堆肥、绿肥等，或追施磷肥、钾肥均能提高植物的抗寒能力；五是选育优良抗性品种，增强药材品种本身抵抗低温的能力。

夏季温度过高，也会影响药材的正常生长。高温天气使药材蒸腾作用增强，蒸腾大于水分吸收会使药材植株萎蔫，影响正常代谢；同时高温影响植株内部酶的活性，降低生长速度，造成花粉发育不良，损伤茎叶功能，引起落花落果等；温度过高也会造成个别北方药材萎蔫死亡。

解决措施包括：一是要注意及时灌溉，喷水降温；二是架设遮阳棚或遮阳网，减少阳光直射，降低蒸腾作用；三是根据种植地区高温天气特征，选育抗性品种，增强药材品种本身抵抗高温的能力。

60. 中药材种植过程中常见的病害有哪些？

中药材病害种类很多，一种药材在生长发育过程中可能遭遇多种病害，而引起植物发病的原因也很多。由生物因素如真菌、细菌、病毒等侵入植物体所引起的病害，即有病原生物参与，有传染性，称为侵染性病害或寄生性病害，常见的侵染性病害包括猝倒病、霜霉病、根腐病、立枯病、白粉病、菌核病、黑粉病、锈腐病、疫病、灰霉病、锈病、斑枯病、炭疽病、灰斑病、叶斑病、软腐病等。由非生物因素如干旱、水涝、严寒、光照、养分失调、人为操作或自身遗传因素等影响或损害生理机能而引起的病害，即没有病原生物参与，没有传染性，称为非侵染性病害或生理性病害。

病害根据病原生物不同，可分为真菌性病原、细菌性病原、病毒病原、线虫病原和寄生性种子植物。

由真菌侵染所致的病害称为真菌性病害，一般在高温多湿时易发病，病菌多在病残体、种子、土壤中过冬，病菌孢子借风、雨传播，在适合的温湿度条件下孢子萌发，长出芽管侵入寄主植物内为害，主要症状表现为植株倒伏、死苗、斑点、黑果、萎蔫等，在病部带有明显的霉层、黑点、粉末等症状。真菌性病害种类较多，如白粉病、锈病、菌核病、根腐病、炭疽病、霜霉病等。

由细菌侵染所致的病害称为细菌性病害，在高温、高湿条件下易发病，病菌在病残体、种子、土壤中过冬，借流水、雨水、昆虫等传播，为杆状菌，通过自然孔口（气孔、皮孔、水孔等）和伤口侵入，主要症状表现为萎蔫、腐烂、穿孔等，发病后期遇潮湿天气，在病部溢出细菌黏液。细菌性病害包括软腐病、溃疡病、青枯病等。

由病毒引起的称为病毒病害，其在杂草、块茎、种子和昆虫等活体组织内越冬，借助于带毒昆虫或线虫传染，主要症状表现为花叶、黄化、卷叶、畸形、簇生、矮化、坏死、斑点等。病毒病害包括花叶病、黄斑病、病毒病等。

由病原线虫引起的称为线虫病害，其以胞囊、卵或幼虫等在土壤或种苗中越冬，主要靠种苗、土壤、肥料等传播，主要症状表现为生长衰弱、矮缩、受害部位畸形膨大等。线虫病害涉及人参、西洋参、桔梗、当归、菊花等药材品种。

寄生性种子植物由于缺少足够叶绿素或因为某些器官退化而营寄生生活，均是双子叶植物，例如旋花科的菟丝子和列当科列当，其既有一定药用价值，又对寄主植物生长造成较大影响。

61. 中药材种植过程中常见的虫害有哪些？

虫害是植物生长发育过程中遭受的重要为害之一，几乎各类药材品种都会遭受不同种类、不同程度的虫害威胁。常见的害虫种类很多，药材虫害主要分为地上害虫和地下害虫。

地上害虫是指在药用植物地上部分活动为害的害虫，主要以取食叶片、花蕾、果实和种子为主。取食叶片的害虫为害方式包括咬食、潜食或刺吸植物的叶片、嫩叶及生长点等，常造成叶片缺刻、光秆、变色、皱缩变形等，从而使植株生长不良，甚至死亡。对以收全草或叶为主的药材影响较大，影响产量和品种；对以根茎类药材，叶片啃食严重会影响植物光合作用，从而影响有机物积累，造成产量和品质下降；虫食伤口也会造成某些病害的产生和加剧。取食花果的害虫为害方式包括取食花蕾、花序、果皮、果肉和种子，致使花蕾或果实残缺、畸形、脱落或腐烂，不能正常开花或结实，或造成种子缺刻或食尽。对于收花、果实、籽为主的药材影响较大，虫害严重也会影响收全草、叶、根茎类药材种子收获，同时虫食伤口也会造成某些病害的产生和加剧，造成药材产量和品质下降。常见的地上害虫包括蚜虫类、蚧类、螨类、食叶蛾、蝶类、叶甲类、潜叶类、螟蛾类、象甲类和蚊蝇类等。

地下害虫是指在药用植物地下部分活动为害的害虫，主要以取食幼苗、根、茎、种子、块根、块茎、嫩叶及生长点为主，常造成缺苗断垄或是幼苗生长不良。地下害虫为害时间较长，整个生育期都能为害药材植株，冬季越冬卵寄生在病残体或越冬根、土壤中，翌年继续为害植株，同时虫食伤口也为多种病害的产生创造了发生条件，从而造成药材减产、质量下降，甚至绝产。常见的地下害虫包括蝼蛄类、蛴螬类、地老虎类、金针虫类、天牛类、木蠹蛾类、螟蛾类等。

62. 中药材病虫害防治的基本原则是什么？农业防治、物理防治、生物防治和化学防治方法有哪些？

（1）基本原则。中药材病虫害种类多，为害大，极大地影响药材产量和质量。但作为特殊的商品，中药材种植过程中要尽量减少化学农药的使用，防止因农药残留和重金属超标造成质量不合格，影响农民收益。因此，药材病虫害防治要遵守"预防为主，综合防治"的基本原则，依据安全、有效、经济、实用的防治理念，优先选择农业、物理和生物防治方法，化学防治为辅，禁止使用高毒、高残留的化学农药，提倡逐步增加生物农药使用量，最大限度减少化学农药的投入量。

（2）农业防治。通过调整农业栽培管理措施等来减少或预防病虫害的发生，主要的方法如下。

①植物检验和检疫。指利用立法和行政措施防止或延缓有害生物的自然传播和人为传播。从国外或有危险病、虫、草害发生区域引种、种苗调运时要进行必要的检验检疫，最好在产区、港口海关、种植经营机构对引进的药材种子和繁殖材料及其包装进行检验和消毒，杜绝和防止国外新的危险性病、虫、草害引入我国或在新区扩散和蔓延。另外，当国内外危险性病、虫、草害发生或有侵入本地区危险时，要注意观测预警，一旦发现立即采取有效措施，彻底消灭。

②选育抗性品种，繁育无病种苗。对于有些难以根治或极易产生抗性的病虫害，选育抗性药材品种是一项经济有效的措施，例如，有刺型红花品种能抵抗红花炭疽病和红花实蝇，阔叶矮秆

型白术有较好的抵抗术籽虫的能力。另外，药材种子田和育苗田要注意病虫害防治，及时对待播种子、种苗及土壤进行消毒，生产优良种子种苗。有些药材品种也可选用脱毒种苗进行繁育。

③合理轮作。同一块土地上，同一药材品种、同一科属或同为某些病虫害寄主的植物连年种植，会加大病虫害的发生发展。一方面，连年种植使土壤养分失衡，影响药材生长发育，植物生长势弱，更易受病虫害侵袭；另一方面，连作使土壤中病虫害加剧，尤其是一些土传病害，对药材产量和质量有极大影响。因此，为预防病虫害要进行合理轮作。

④深耕细作。很多病原菌和虫卵都在土壤中存活越冬，秋季深耕，翻晒土壤，可以极大地降低病原菌及越冬虫卵的存活率，减少病虫害传染源。另外，在进行中耕、移栽、收获等机械操作时，也要注意避免机械或人为损伤，以免药材根部受损，致使病菌或害虫侵染植株，加剧病虫害的发生。

⑤合理施肥。中药材基肥最好选用有机肥，但施用的有机肥必须经过充分腐熟，做无害化处理。未经充分腐熟的有机肥中病原菌和虫卵存活量大，会加剧病虫害发生风险。合理施肥还要注意施肥种类、数量、时间和方法等，要根据药材种类、生育时期合理施用，特别是磷钾肥，可以增强植株的抗病性。另外，有些微生物菌肥，例如含有枯草芽孢杆菌的菌肥，也能一定程度上提高植物的抗病性，可以进行合理施用。

⑥调节播种期。合理调节药材播种时期（提前或延后），避开病虫害大量发生时期，减轻患病染虫风险。

⑦合理密植，雨季及时排水。根据不同药材品种要求，进行合理密植，避免因密度过大造成的透风透光性差、田间湿度过高，从而引发病虫害；雨季要注意及时挖沟排水，降低田间

湿度。

⑧修剪病株，秋季清园。田间一旦发现病害或虫害，要及时修剪病虫枝；情况严重，要及时挖出病株，并带出田外集中处理，避免病虫害扩散。整个生育期要及时清除田间和田外的杂草，秋季清园，将残枝带出田外集中处理，消除病残体及病原体或越冬卵的栖息处，减少传染源。

（3）物理防治。通过物理的方法对病虫害进行防治，该法安全无污染，主要包括如下几种方法。

①性诱剂诱杀，是模拟自然界的昆虫性信息素，通过释放器释放到田间来诱杀异性害虫的一种方法，通常是诱杀大量雄虫，通过降低雌虫交配率来控制害虫；同时也可用来进行虫情监测。

②杀虫灯诱杀，对于有趋光性的鳞翅目、鞘翅目及某些地下害虫可以用黑光灯、诱蛾灯等进行诱杀。

③色板、色膜诱杀，利用害虫特殊光谱反应原理和光色生态规律对害虫进行趋避和诱杀，例如在田间放置黄板、蓝板、白板等。

④辐射处理，对贮藏的种子或药材进行辐射照射，从而杀死害虫及虫卵等。

⑤架设防虫网，是通过在棚架上构建人工隔离屏障，将害虫隔离在网外，切断害虫（成虫）繁殖途径，有效控制各类害虫的传播及预防病毒病传播的为害。防虫网具有一定透光性，可以适度遮光，兼具通风，还具有抵御暴风雨冲刷和冰雹侵袭等自然灾害的功能，是一种环保、经济、实用的新型农用覆盖材料。

⑥地膜覆盖，通过覆盖地膜可以有效隔离害虫由地下传播到地上，兼具防治杂草的功效。

⑦高温灭菌，可以采用高温灭菌法杀灭棚内土壤的病原菌，

也可采用温汤浸种的方法杀灭种子表面附带的病原体和虫卵。

⑧人工捕杀，部分害虫可采用人工捕杀的方法进行灭除。

（4）生物防治。指利用有益生物或其他生物来抑制或消灭有害生物的一种防治方法，主要包括生物农药和天敌昆虫防治。目前常用的生物农药包括以下几种。

①植物和动物来源的生物农药，包括楝素（苦楝、印楝素）、苦参碱、乙蒜素、氨基寡糖素、桐油枯、印楝枯。

②微生物来源的生物农药，包括球孢白僵菌、绿僵菌、哈茨木霉、木霉菌、淡紫拟青菌、苏云金杆菌、枯草芽孢杆菌、蜡质芽孢杆菌、甘蓝核型多角体病毒、斜纹夜蛾核型多角体病毒、小菜蛾颗粒体病菌、多杀菌素、乙基多杀菌素、春雷菌素、多抗霉素、多抗霉素B、宁南霉素、中生菌素、硫酸链霉素。

③生物化学产物类生物农药，包括香菇多糖和几丁聚糖。天敌防治一般采用以虫治虫、以鸟治虫等方式，利用自然界生物链对害虫进行抑制。常见的天敌昆虫包括瓢虫、草蛉、蝽、螳螂等捕食性天敌以及赤眼蜂等寄生性天敌。

（5）化学防治。指通过使用化学农药的方法进行病虫害防治，具有高效、快速、经济实用的优点。但滥用、超量喷施、施药方法不科学等现象普遍存在，导致药害现象及中药农药残留超标等问题严重，极大地影响药材产量和品质，威胁临床用药安全性。因此，化学防治时禁止使用剧毒、高毒、高残留的农药。农业农村部暂将中药材同蔬菜、茶叶及果树等视为经济作物进行统一管理，依据农药使用规范要求，参照中药材、蔬菜、果树、烟草等已登记的农药名目施用农药，建议杀虫剂可选择高效氯氟菊酯、吡虫啉、抗蚜威、吡蚜酮、阿维菌素、炔螨特、噻虫嗪进行防治，杀菌剂可选择多菌灵、咪鲜胺、井冈霉素、代森锰锌、氟硅唑、腈菌唑、戊唑醇、苯醚甲环唑、甲基硫菌灵、嘧菌酯、腐霉利、异菌脲、醚霉胺、霜脲·锰锌、三乙磷酸铝、噁霜·锰锌、烯酰·锰锌、丙森锌、叶枯唑等。允许使用的范围、登记物种、剂量、施药方法要参照农药标签标注，不得随意扩大范围或改变使用方法。化学药剂登记信息可进入中国农药信息网（http：//www.chinapesticide.org.cn/）进行查询，该网站也可查询购买的农药是否为已登记过的正规药剂。另外，化学药剂要交替使用，以减少病虫抗药性的产生，同时注意施药的安全间隔期，加强农药使用的监测和药残检测，保证用药安全。

63. 中药材种植过程中国家禁止使用的农药有哪些？

2020版《中华人民共和国药典》中禁用农药共计33种，包括甲胺磷、甲基对硫磷、对硫磷、久效磷、磷胺、六六六、滴滴涕、杀虫脒、除草醚、艾氏剂、狄氏剂、苯线磷、地虫硫磷、硫线磷、蝇毒磷、治螟磷、特丁硫磷、氯磺隆、胺苯磺隆、甲磺隆、甲拌磷、甲基异柳磷、内吸磷、克百威、涕灭威、灭线磷、氯唑磷、水胺硫磷、硫丹、氟虫腈、三氯杀螨醇、硫环磷、甲基硫环磷。

农业农村部公布的禁用（停用）农药共计46种，其中21种农药与药典委公示的禁用名单相同，另外25种包括毒杀芬、二溴氯丙烷、二溴乙烷、汞制剂、砷类、铅类、敌枯双、氟乙酰胺、甘氟、毒鼠强、氟乙酸钠、毒鼠硅、对硫磷、久效磷、磷化钙、磷化镁、磷化锌、福美胂、福美甲胂、林丹、溴甲烷、氟虫胺、杀扑磷、百草枯、2,4-D丁酯。

64. 中药材根腐病发生规律是什么？病害有哪些表现？易感病中药材品种有哪些？如何进行防治？

（1）发病规律。根腐病的病原菌主要为镰刀菌属（*Fusarium*），病菌以菌丝在土壤或植物根部越冬，可在土壤中存活10年以上而保持传染力。其发生与土壤因素关系较大，土壤积水、黏度过重、贫瘠、板结等因素阻碍根部生长，为病原菌入侵创造了条件；另一方面，地下线虫、根螨为害或机械损伤均易引起根腐病。一般6月中下旬田间出现明显症状，高温高湿条件下病情严重，多年生药材易发病。

（2）病害表现。该病主要为害根部，先由须根、支根变褐腐烂，逐渐向主根蔓延。病斑呈圆形或不规则形，淡黄褐色，后变为黑褐色，最后导致全根腐烂，干燥病斑处凹陷。初期地上部分表现为叶片下垂，植株顶端萎蔫，生长点受损致使整株萎蔫，后期整株枯萎死亡。有些品种受害部位表皮纵向裂口，呈铁锈色，主根部分腐烂，潮湿时茎基部产生粉色状物。

（3）易感病中药材品种。包括人参、黄芪、甘草、草乌、远志、丹参、黄芩、党参、桔梗、苍术、五味子、荆芥、返魂草等。

（4）防治方法。整地时进行土壤消毒，注意排水，降低田间湿度；播种或移栽前用枯草芽孢杆菌可湿性粉剂或70%噁霉灵可湿性粉剂进行土壤消毒；也可用种子质量5%～10%的木霉菌进行拌种；发病前或初期用1 000亿芽孢/g枯草芽孢杆菌可湿性粉剂1 500～2 000倍液，5亿CFU/g多黏类芽孢杆菌悬浮剂4 000g/亩稀释100倍喷淋茎基部，连续用药2次，间隔8～10d；发现病株，拔出烧毁，用50%多菌灵可湿性粉剂浇穴防治。

65. 中药材白粉病发生规律是什么？病害有哪些表现？易感中药材品种有哪些？如何进行防治？

（1）发病规律。白粉病病原菌为白粉菌（*Erysiphe graminis*），以闭囊壳随病残体在田间越冬。该病发生主要与环境温湿度和寄主品种抗性有关，温度在10～30℃以及25%以上的相对湿度均可造成病菌侵染，高温高湿气候宜于孢子的萌发和侵染，气候干燥则宜于分生孢子的传播和蔓延。

（2）病害表现。白粉病每年7—8月为盛发期，主要为害叶片、嫩茎和荚果。发病初期，受害部位表面生有白色绒状霉斑，后扩大成边缘不明显的大片白粉区，后期出现很多小黑点，造成早期落叶或整株枯萎，严重减产。

（3）易感病中药材品种。包括黄芪、甘草、防风、黄芩、草乌、板蓝根、苦参、藁本、紫菀、五味子、牛蒡子、益母草、荆芥、蒲公英、艾草、菊花、红花、车前等。

（4）防治方法。秋冬深翻土壤，破坏越冬蛹室；彻底清除田间杂草、病残体；加强田间管理，合理密植，注意株间通风透光，减少发病；施肥以有机肥为主，增施磷、钾肥；发病前或初期，可喷施1.5%多抗霉素水剂100倍液，或1%蛇床子素乳油200g/亩，或1 000亿芽孢/g枯草杆菌可湿性粉剂30～40g/亩，或哈茨木霉菌300倍液2～3次，每次间隔8～10d。

66. 中药材菌核病发生规律是什么？病害有哪些表现？易感病中药材品种有哪些？如何进行防治？

（1）发病规律。菌核病的病原菌为核盘菌属（*Sclerotinia*）、链核盘菌属（*Monilinia*）、丝核属（*Rhizoctonia*）和小菌核属

（*Sclerotium*），以菌核在土壤、病残体或混在堆肥中越冬。气温回升至5℃以上，土壤潮湿时，菌核萌发产生子囊盘，子囊孢子成熟由子囊内弹射出去，借助伤口侵入植株体内。种子带有越冬病菌可直接为害幼苗，菌核上长出菌丝也可侵染茎基部引起腐烂，多雨季节也会侵染菊科药材花盘。连作地块易发病，低温高湿、排水不良、密植、多草条件下发病严重。

（2）病害表现。该病主要为害茎蔓、叶片和果实。病害先从地下发病，逐渐侵染至地上部分，发病时幼苗基部产生黄褐色或深褐色的水渍状梭形病斑，严重时茎基腐烂，地上部位倒伏枯萎，发病后期白霉聚积，地上茎上出现黑褐色颗粒状菌核。叶片染病，叶面上现灰色至灰褐色湿腐状大斑，湿度大时斑面上现絮状白霉，终致叶片腐败。

（3）易感病中药材品种。包括丹参、人参、白鲜皮、平贝、细辛、半夏、延胡索、牛蒡子、水飞蓟等。

（4）防治方法。合理轮作，消灭菌株；发病早期铲除病株，并移去病株根际土壤，用生石灰消毒；发病前，采用40亿孢子/g盾壳霉ZS-1SB可湿性粉剂施45～90g/亩，或2亿孢子/g小盾壳霉CGMCC8325可湿性粉剂施100～150g/亩灌根或喷雾防治。

67. 中药材灰霉病发生规律是什么？病害有哪些表现？易感病中药材品种有哪些？如何进行防治？

（1）发病规律。灰霉病病原菌为灰霉菌（*Botrytis cinerea*），主要在土壤中或病残体上越冬越夏。田间病菌经气流、雨水、露滴等传播，可通过伤口侵入或在衰老的组织上生长，病部产生的孢子向四周传播，可进行再次侵染。温暖潮湿有利于发病，当气温22℃左右，相对湿度在90%以上时，病菌易侵染和发育。一般在6—7月发病，阴雨连绵时最重。

（2）病害表现。该病主要为害叶、茎、花和果部位。叶片染病，由叶尖变黄褐色，沿中脉纵深发展，产生近圆形或不规则水渍状病斑，具有不规则轮纹，病斑呈紫褐色或褐色，高湿时表面生有灰霉。叶柄和茎部病斑长条形，出现不规则水浸斑，初为暗绿色，后变为暗褐色，凹陷软腐，缢缩或折倒，后病苗腐烂、枯萎病死。病害发生在花期，花和花蕾变褐枯萎，湿度大时，病部出现大量灰霉，后期可见黑色小型颗粒状菌核。

（3）易感病中药材品种。包括赤芍、人参、西洋参、平贝、玉竹、牡丹、红花、菊花等。

（4）防治方法。栽植密度适宜，发病后，清除被害枝叶，集中烧毁或深埋；采取轮作或选用无病种芽，平时应加强田间管理，及时排水，保持通风透光；易发病期和发病初期，用哈茨木霉菌300倍液喷雾，或2亿孢子/g木霉菌可湿性粉剂125～250g/亩，或2%苦参碱水剂30～50ml/亩，或1 000亿芽孢/g枯草芽孢杆菌可湿性粉剂50～70g/亩，或用50%的多菌灵800～1 000倍液进行喷雾防治，每隔5～7d喷1次，连续喷2次。

68. 中药材霜霉病发生规律是什么？病害有哪些表现？易感病中药材品种有哪些？如何进行防治？

（1）发病规律。霜霉病病原菌为霜霉属（*Pasasitica*），在土壤中、病残体或种子上越冬，或潜伏在茎、芽或种子内越冬，成为翌年病害的初侵染源。凉爽潮湿气候利于发病，一般春末夏初或秋季连续阴雨天气最易发生，病害严重时可造成20%～40%产量损失。

（2）病害表现。该病主要为害叶片，初发病时，叶面上现边缘不明显的黄白色至黄色斑点，扩展时受叶脉限制呈多角形至不规则状，湿度大时叶背面病部产生灰白色霜霉状物；有的霜霉菌还使绿茎、花梗或花器膨大肿胀，呈畸形病态；还可能出现植株矮化、节间缩短、叶色褪绿黄化、叶片畸形或形成丛簇等系统性病症。

（3）易感病中药材品种。包括板蓝根、白鲜皮、延胡索、大黄、当归、苍耳、菊花等。

（4）防治方法。收获后清洁田园，将病枝残叶集中烧毁、深埋，可减少越冬病源；降低田园温度，及时排出积水，改善通风透光条件，及时收获叶片；发病前期，喷施16%己糖·嘧菌酯悬浮剂55～60ml/亩，或10亿芽孢/g枯草芽孢杆菌水乳剂45～60ml/亩；发病初期，用哈茨木霉菌、多菌灵或甲基托布津，隔7d喷1次，连续防治2～3次，同时，可结合喷洒叶面肥进行防治，效果更佳。

69. 中药材锈病发生规律是什么？病害有哪些表现？易感病中药材品种有哪些？如何进行防治？

（1）发病规律。锈病病原菌为柄锈菌属（*Puccinia*），以菌丝及冬孢子在植株根、根状茎和地上部枯枝上越冬，翌年春季产生夏孢子，侵染发病。锈病盛发期为7—8月，有些药材全生育期均易感病。高温多雨、低洼地种植、种植密度过大、氮肥过多以及秋季雨水多、相对湿度高或叶面凝结有露时易发病。

（2）病害表现。该病主要为害叶片、叶柄、果柄及果实。发病初期叶片背面产生黄白色至黄褐色小斑点，后逐渐扩大、凸起，后疱斑破裂呈黄褐色夏孢子堆。发病后期夏孢子堆布满全叶，深秋产生黑褐色冬孢子堆；严重时叶片干枯早落，影响产量。

（3）易感病中药材品种。包括黄芪、黄芩、玉竹、党参、细辛、甘草、白鲜皮、平贝、射干、紫苏等。

（4）防治方法。实行轮作，合理密植；收获后彻底清除田间病残体；注意开沟排水，降低田间湿度；增施磷钾肥，促使植株生长健壮，提高免疫力。播种或移栽前用50%多菌灵可湿性粉剂进行土壤消毒，发病前或初期用4%嘧啶核苷类抗生素水剂75g/亩，或3亿CFU/g哈茨木霉菌可湿性粉剂150g/亩，或1 000亿芽孢/g枯草芽孢杆菌可湿性粉剂80g/亩叶面喷施，一般7~10d喷1次，一般施药2~3次。

70. 中药材立枯病发生规律是什么？病害有哪些表现？易感病中药材品种有哪些？如何进行防治？

（1）发病规律。立枯病病原菌为镰刀菌属（*Fusarium*）和丝核菌属（*Rhizoctonia*），以菌丝体或菌核在土壤或寄主残体内越冬，在土壤中可腐生2~3年。病菌通过雨水、流水、沾有带菌土壤的农具以及带菌的堆肥传播，从幼苗茎基部或根部伤口侵入，也可穿透寄主表皮直接侵入。低温高湿条件或连作地块易于发病。

（2）病害表现。该病主要为害幼苗茎基部或地下根部。未出土幼苗、小苗及移栽苗均能受害，常造成烂芽和烂种。幼苗出土后，幼茎基部出现水渍状暗褐色病斑，并很快延伸至茎部，病部常附着小土粒状褐色菌核，地上部萎蔫，幼苗死亡。贴近地面的潮湿叶片也可受害，边缘产生水渍状深褐色至褐色大斑，全叶很快腐烂死亡。

（3）易感病中药材品种。包括黄芪、人参、西洋参、白术、北沙参、防风、延胡索、贝母、丹参、知母、细辛、牛蒡子、红花、菊花等。

（4）防治方法。与禾本科作物轮作2～3年以上，秋季深翻，合理追肥、浇水，雨后及时排水；发现病株及时拔除，携出田外处理。可在播种或移栽前，用哈茨木霉菌或枯草芽孢杆菌进行土壤消毒，或用25%的噻虫咯霜灵或菌腈悬浮种衣剂对种子进行包衣处理；发病初期用3亿CFU/g哈茨木霉菌可湿性粉剂2 600～4 000g/亩，或多菌灵、噁霉灵灌根。

71. 中药材斑枯病发生规律是什么？病害有哪些表现？易感病中药材品种有哪些？如何进行防治？

（1）发病规律。斑枯病病原菌为半知菌亚门（Deuteromy cotina）和壳针孢属（*Septoria*），病菌以分生孢子在病残体上越冬，翌年春天温度条件适宜时，孢子进行侵染，病斑上分生孢子可借风、雨和农事操作传播，引起再侵染。高温高湿、持续阴雨天利于发病。

（2）病害表现。该病主要为害叶片。叶片上病斑近圆形，褐色，中央色淡，边缘深褐色，直径3～15mm。病斑在叶脉间扩展，严重时汇合，叶片枯死。

（3）易感病中药材品种。包括人参、柴胡、防风、龙胆、月见草、紫苏、蒲公英、菊花、薄荷等。

（4）防治方法。秋季彻底清除田间病残叶，集中烧掉或深埋；可用枯草芽孢杆菌与胶冻样类芽孢杆菌菌剂40kg/亩混土沟施预防；发病初期，可用1亿CFU/g哈茨木霉菌水分散粒剂100g/亩或80%乙蒜素乳油30ml/亩茎叶喷雾防治。

72. 中药材叶斑病发生规律是什么？病害有哪些表现？易感病中药材品种有哪些？如何进行防治？

（1）发病规律。叶斑病病原菌为尾孢属（*Cercospora*）、长蠕孢属（*Helminthosporium*）、壳针孢属（*Septoria*）、叶点霉属（*Phyllosticta*）、链格孢属（*Alternaria*）等，以菌丝体和分生孢子丛在病残体上越冬，以分生孢子进行初侵染，借气流及雨水溅射等进行再侵染。7—8月多雨或雾大露重天气易发病，植株生长不良，或偏施氮肥长势过旺，病情加重。

（2）病害表现。该病主要为害叶片、叶柄或茎部。叶上病斑圆形，后扩大呈不规则状大病斑，并产生轮纹，病斑由红褐色变为黑色，中央灰褐色，茎和叶柄上病斑褐色、长条形。

（3）易感病中药材品种。包括赤芍、桔梗、半夏、返魂草、菊花、薄荷等。

（4）防治方法。收获后彻底清除田间病残体；注意开沟排水，降低田间湿度；发病前，用1.5%多抗霉素可湿性粉剂200～300倍液，或1 000亿芽孢/g枯草芽孢杆菌可湿性粉剂60～80ml/亩喷施。

73. 中药材黑斑病发生规律是什么？病害有哪些表现？易感病中药材品种有哪些？如何进行防治？

（1）发病规律。黑斑病病原菌为链格孢属（*Alternaria*），以菌丝、分生孢子在病残体上越冬，越冬后菌丝体产生孢子和分生孢子，借气流引起初侵染，发病后病部产生分生孢子进行再侵染。高温多湿天气易发病。

（2）病害表现。该病为害植株各个部位。发病初期在叶尖或叶缘处出现椭圆形或不规则的黑褐色小斑点，随着病情的蔓延病斑向内扩展，形成中央黄白色外围黑褐色的大斑，上有黑色霉状物，发病后期斑块连成片，叶片卷缩枯萎。

（3）易感病中药材品种。包括威灵仙、人参、西洋参、北沙参、贝母、黄精、牛蒡子、芡实、红花等。

（4）防治方法。收获后彻底清除田间病残体；注意开沟排水，降低田间湿度；发病前，用1.5%多抗霉素水剂150倍液喷雾防治；发病初期，新叶展开时，50%的多菌灵与80%代森锰锌混合使用，浓度在800～1 000倍液，或苯醚甲环唑水分散粒剂，每15d 1次，连喷3～4次，效果最佳。

74. 中药材褐斑病发生规律是什么？病害有哪些表现？易感病中药材品种有哪些？如何进行防治？

（1）发病规律。褐斑病病原菌为立枯丝核菌（*Rhizoctonia solani*），病原菌在病残体上越冬，翌年春季温湿度条件适宜时，分生孢子萌发，发病后病部产生分生孢子进行再侵染。高温高湿天气易发病。

（2）病害表现。该病主要为害叶片。感病植株的叶片出现3～9mm圆形或近圆形病斑、褐色，中央色淡，病斑周围具深褐色晕圈。随着病情发展，病斑相互融合，叶片枯死。

（3）易感病中药材品种。包括龙胆、玉竹等。

（4）防治方法。收获后彻底清除田间病残体；注意开沟排水，降低田间湿度；发病初期，可用6%井冈·嘧苷素水剂，或1.5%多抗霉素水剂150倍液喷雾，每7d左右1次，连续喷施2～3次。

75. 中药材炭疽病发生规律是什么？病害有哪些表现？易感病中药材品种有哪些？如何进行防治？

（1）发病规律。炭疽病病原体是菌胶孢炭疽菌（*Colletotricum gloeosporioides*）和黑线炭疽菌（*Colletotricum dematium*），以菌丝、分生孢子盘或分生孢子在病残体上越冬，多数种子也能够带病。翌年越冬菌产生分生孢子，通过雨水飞溅或昆虫携带传播，病菌通过伤口或气孔等自然孔口侵入，病部产生大量分生孢子进行再次侵染。多雨潮湿天气易发病，蔓延迅速，植株成片倒伏死亡。

（2）病害表现。该病主要为害部位为叶、叶柄、茎及花果。叶上病斑呈圆形或近圆形，多呈现黄褐色或红褐色；后期病斑扩大，出现颗粒状小点，排列成不规则轮纹；严重时，病斑多而密集、连片，常使叶片枯萎，提早落叶；叶柄染病，出现黄褐色病斑，造成叶柄盘曲或茎部扭曲，造成整株倒伏或根茎腐烂；花果染病，同样呈现病斑，出现花干、籽干、果实变褐腐烂或提早脱落。

（3）易感病中药材品种。包括人参、桔梗、菊花、红花、薄荷等。

（4）防治方法。筛选抗性品种，选用无病种子、种栽；注意开沟排水，降低田间湿度，收获后彻底清除田间病残体；发病初期，可用10亿CFU/g多黏类芽孢杆菌可湿性粉剂200g/亩喷施防治，间隔7~10d 1次，连续2~3次。

76. 中药材疫病发生规律是什么？病害有哪些表现？易感病中药材品种有哪些？如何进行防治？

（1）发病规律。疫病病原菌为恶疫霉（*Phytophthora*

cactorum），大多生存于土壤中，兼性寄生或腐生，一般以越冬卵孢子萌发或以菌丝体和孢子囊在病残体中越冬作为初侵染源，为害寄主后，产生大量孢子囊并释放游动孢子，借雨水或气流传播。病菌潜伏期短，多雨高湿条件下，病情进展迅速，极易造成大面积范围内蔓延。

（2）病害表现。该病主要为害部位为茎、叶、花、鳞片和球根。侵染繁殖器官在贮藏期间引起腐烂，为害幼苗形成猝倒或苗枯；侵染叶片，病斑较大，水渍状，暗绿色；叶柄上病斑长条形，暗绿色，水渍状，叶柄软化折倒，叶片软腐下垂；根部发病呈水渍状黄褐色软腐，内部组织呈黄褐色花纹，根皮易剥离。梅雨季节空气湿度大，病斑上产生大量白色霉状物。病情进展较快，致使植株成片死亡。

（3）易感病中药材品种。包括人参、西洋参、细辛、百合等。

（4）防治方法。早春早播秋季秋翻，延长生长期培育壮苗，提高抗病能力；合理密植，增强光照；注意开沟排水，降低田间湿度；秋季清理病残体，合理轮作；发病前或发病初期，4%嘧啶核苷类抗生素水剂400倍液，或3%多抗霉素可湿性粉剂150倍液，或5亿CFU/ml侧孢短芽孢杆菌A60悬浮剂50～60ml/亩喷雾防治，一般7～10d喷1次，2～3次。

77. 中药材细菌性软腐病发生规律是什么？病害有哪些表现？易感病中药材品种有哪些？如何进行防治？

（1）发病规律。细菌性软腐病病原菌为假单胞杆菌属（*Pseudomonas*），病菌随病残体在土壤中越冬，翌年借雨水、灌溉水及昆虫传播蔓延，大多由机械损伤或虫伤侵染，有些可从皮孔等自然孔口侵染。湿度大时易感病。

（2）病害表现。该病主要为害部位为根部，病处呈水渍状不规则病斑，呈褐色或浅褐色，后呈湿腐状，根部逐渐腐烂。

（3）易感病中药材品种。包括人参、百合等。

（4）防治方法。选育和推广抗病品种，实行轮作倒茬，采用高畦种植，注意开沟排水，降低田间湿度，防止大水漫灌；发现病株及时拔除，收获后彻底清除田间病残体，植株生长、收获和储存期间减少机械损伤，注意防治虫害；20%乙酸铜可湿性粉剂撒施混拌，或80%乙蒜素乳油1 000～2 000倍液喷淋进行土壤消毒。

78. 中药材病毒病发生规律是什么？病害有哪些表现？易感病中药材品种有哪些？如何进行防治？

（1）发病规律。病毒病病原菌为黄瓜花叶病毒（Cucumber mosaic virus），病毒在寄主体内或传播介体内越冬，带毒的介体在杂草及根基中越冬。翌年春季气温回升后，通过带毒的蚜虫等介体昆虫、汁液摩擦、带毒根块、病残体或土壤传播，即毒源传播到寄主上开始为害。虫口密度和气候条件是影响该病发生的主要原因，高温干燥的气候条件有利于病毒病的传播。

（2）病害表现。该病主要为害部位为叶片和茎。感病植株矮小，叶片出现皱缩、斑驳、花叶或坏死斑、褪绿斑等，严重叶片分叉扭曲；有的植株无主秆，呈现丛簇状；无花或花变形、发育不良。

（3）易感病中药材品种。包括百合、牛蒡、桔梗、薄荷、菊花、芍药等。

（4）防治方法。选用健康植株繁殖，培育无病种苗，发现病株及时拔除；实行轮作倒茬；防治蚜虫等易带毒介体昆虫；发病初期，喷洒20%毒克星可湿性粉剂500～600倍液或0.5%抗毒剂1号水剂300～350倍液、5%菌毒清可湿性粉剂500倍液、20%病毒宁水溶性粉剂500倍液，隔7～10d 1次，连续喷施3次。

79. 中药材根结线虫病发生规律是什么？病害有哪些表现？易感病中药材品种有哪些？如何进行防治？

（1）发病规律。根结线虫病原菌为南方根结线虫（*Meloidogyne incognita*）和北方根结线虫（*Meloidogyne hapla*），是由于根结线虫的寄生，致使药材根部生长出瘤状物，影响整株生长。在沙质土壤和连作条件下发病重。

（2）病害表现。该病为害部位为根部。该病植株瘦弱、生长缓慢、畸形，根部坏死、根结、根瘿瘤等症状，最后全株枯死。

（3）易感病中药材品种。包括人参、西洋参、黄芪、当归、白术、丹参、桔梗、黄芩、北沙参等。

（4）防治方法。实行轮作，最好与禾本科作物进行倒茬，避免连作；秋季清园，清除病残体；种植前，选择0.2%阿维菌素可湿性粉剂进行土壤处理；发生期，选择球孢白僵菌拌土沟施。

80. 蚜虫的防治方法有哪些？

蚜虫，又称腻虫、蜜虫，属于半翅目类，种类很多，形态各异，体色为黄、绿、黑、褐、灰等，以若蚜、成蚜群集在嫩叶、茎顶部、花蕾上吸取植物汁液，影响植株生长，分泌蜜露覆盖叶面，影响光合作用，导致植株萎缩，生长停止，叶片发黄、干枯，开花结实受损等，同时蚜虫也是植物病毒的昆虫介体。为害较大的蚜虫包括瓜蚜、桃蚜、胡萝卜微管蚜、红花指管蚜、菊小长管蚜等，为害中药材品种包括人参、柴胡、防风、百合、苍术、黄芩、党参、知母、玉竹、北沙参、板蓝根、菊花、红花等多种药材。蚜虫虫害一般在5—9月发生。

防治方法：虫害发生初期，修剪或拔除被害植株；秋季清园，消灭越冬卵；利用银灰色薄膜避蚜，减少蚜虫迁入量或利用黄板诱杀；发生期，选择0.3%苦参碱水剂150g/亩，或2.5%鱼藤酮乳油150g/亩，或1.5%除虫菊素水乳剂300ml/亩喷雾防治，也可选择吡虫啉、吡蚜酮进行防治。

81. 叶螨的防治方法有哪些？

叶螨，又称红蜘蛛、大龙、砂龙等，属于叶螨科植食螨类，体小、呈红色，繁殖力极强，分布广泛，食性杂，常见于植株背面吸取汁液，初期被害叶红黄色，后期严重，导致全叶干枯，花及叶果同时受害。为害药材品种包括平贝、甘草、当归、桔梗、北沙参、柴胡、丹参、藁本、黄芪、牛蒡、红花等。叶螨虫害在7—8月发生。

防治方法：选用无虫害繁殖材料，防治随苗木蔓延和扩散；发现虫害，修剪或拔除被害植株；秋季清园，消灭越冬卵，铲除田边和田内杂草；保护草蛉、瓢虫等天敌昆虫，利用天敌控虫；发生期，选择0.5%苦参碱水剂300～500倍液，或240g/L螺螨酯悬浮剂5 000倍液喷施，也可选择炔螨特、噻虫嗪药剂防治。

82. 蛾、蝶类的防治方法有哪些？

蛾、蝶类害虫主要以幼虫为害药材植株叶片、嫩茎、花蕾、果实和籽粒等，造成叶片缺刻、卷叶、光秆，茎秆外表皮被啃净或折断，花蕾、果实、籽粒缺刻，严重影响药材产量和质量。蛾、蝶类害虫种类很多，常见的包括小菜蛾，属鳞翅目菜蛾科，为害板蓝根等药材；草地螟，属鳞翅目螟蛾科，为害人参、西洋参等药材；斜纹夜蛾，属鳞翅目夜蛾科，为害人参、西洋参、黄芪等药材；菜粉蝶，属鳞翅目粉蝶科，为害板蓝根等药材。蛾、蝶类虫害一般在5—9月发生。

防治方法：秋末清除田间枯枝落叶、杂草，并集中处理；春季翻耕、灌水，消灭越冬卵和幼虫；发现虫情，利用幼龄集中为害期人工摘除虫叶；利用性诱剂、黑光灯、杀虫灯等诱杀成虫；害虫低龄期，选择100亿芽孢/gBt制剂500～800倍液，或400亿个孢子/g球孢白僵菌可湿性粉剂100g/亩喷雾防治；幼虫发生盛期，选择阿维菌素防治。

83. 蛴螬的防治方法有哪些？

蛴螬，又称金龟子，属于鞘翅目金龟子总科的幼虫，幼虫在土中静止时呈"C"形，以咬食根、地下茎为主，其次为地上部分，使药材植株生长衰弱，影响药材产量和品质。为害药材品种包括人参、西洋参、平贝、柴胡、当归、穿山龙、紫草、紫宛、党参、赤芍、白芍、桔梗、龙胆草、知母、百合、红花、菊花等。

防治方法：秋季深耕，减少病源；施用的有机肥一定要做腐熟无公害处理，不可施未腐熟的有机肥；设置黑光灯诱杀成虫；选择150亿个孢子/g球孢白僵菌可湿性粉剂300g/亩，或2亿孢子/g金龟子绿僵菌4kg/亩拌土撒入田间，翻入土中防治；成虫可选择高效氯氟氰菊酯、吡虫啉、噻虫嗪或高效氯氟氰菊酯等药剂喷洒防治。

84. 蝼蛄的防治方法有哪些？

蝼蛄，又称拉拉蛄、土狗子，属于直翅目蝼蛄科，是常见的地下害虫。蝼蛄成虫、若虫在地下土里啃食种子和幼苗，可将幼苗咬断，也使苗土分离，造成幼苗失水干枯，从而造成幼苗的死亡。蝼蛄活动较早，可使幼苗集中受害。为害药材品种包括人参、西洋参、平贝、丹参、金莲花等，很多根茎类药材品种均易受害。

防治方法：秋季深翻，减少病源；施用的有机肥一定要做腐熟无公害处理，不可施未腐熟的有机肥；设置黑光灯诱杀成虫；选择150亿个孢子/g球孢白僵菌可湿性粉剂300g/亩，或2亿孢子/g金龟子绿僵菌4kg/亩拌土撒入田间，翻入土中进行防治；发生期，也可选择辛硫磷乳油灌根防治。

85. 地老虎的防治方法有哪些？

地老虎，又称切根虫、截蚕、土蚕、夜盗虫等，属于鳞翅目夜蛾科，为害严重的主要有大地老虎和小地老虎。主要为害药材幼苗，切断幼苗近地面的茎部，使整株死亡。为害药材品种包括人参、西洋参、桔梗、白芍、赤芍、平贝、当归、党参、柴胡、菊花、薄荷、关黄柏等。虫害在黑龙江省一般在4月初见，5—6月为为害期，6月中下旬为为害盛期。

防治方法：春季多耙，秋季深翻，减少病源；施用的有机肥一定要做腐熟无公害处理，不可施未腐熟的有机肥；设置黑光灯诱杀成虫；选择150亿个孢子/g球孢白僵菌可湿性粉剂300g/亩，或2亿孢子/g金龟子绿僵菌4kg/亩拌土撒入田间，翻入土中进行防治；成虫选择阿维菌素、高效氯氰菊酯喷洒淋根灌根防治。

86. 金针虫的防治方法有哪些？

金针虫，又称叩头虫，属于鞘翅目叩甲科，栖息在土壤中，以幼虫啃食刚播下的种子、幼苗、根块、根茎等，也常钻入地下根茎和大粒种子内取食，常造成幼苗枯死，田间缺苗断垄，也是病原菌介体害虫，引起病害，造成药材产量和质量下降。为害药材品种包括人参、西洋参、平贝、白芍、赤芍、桔梗、菊花等。

防治方法：秋季深翻，减少病源；施用的有机肥一定要做腐熟无公害处理，不可施未腐熟的有机肥；选择150亿个孢子/g球孢白僵菌可湿性粉剂300g/亩，或2亿孢子/g金龟子绿僵菌4kg/亩拌土撒入田间，翻入土中进行防治；发生期，选择噻虫·咯·霜灵或噻虫嗪进行防治。

87. 中药材采收时期如何确定？

中药材确定合理的采收时期对保障药材质量十分重要，适宜采收期的确定要综合考虑药材品质和产量。根据《中药材生产质量管理规范》，药材采收应"坚持质量优先兼顾产量原则，参照传统采收经验和现代研究，明确合适的采收年限，确定基于物候期的适宜采收时间"。一般来说，药材有效成分含量与产量高峰一致的，应在高峰时采收；有效成分有显著高峰期，而产量变化不显著，应在有效成分高峰期采收；有效成分含量与产量高峰期不一致的，优先考虑单位药材有效成分含量。

对于不同种类中药材，采收时间也有所区别。

（1）根及根茎类药材。通常选择秋末春初，或地上部分开始枯萎时至春初萌芽前采收。此时地上部分生长停滞或生长缓慢，根及根茎中贮藏的营养物质最为丰富，有效成分含量较高。

但不同的根及根茎类药材的采收期也有所差别，甘草、赤芍、北豆根、地榆、苦参、远志、独活、藁本、防风、柴胡、秦艽、紫草、射干、天麻、黄芩、桔梗、苍术、黄精、玉竹等药材适合在春季采收；黄芪、威灵仙、草乌、白芍、升麻、人参、北沙参、龙胆、党参等药材适合在秋季采收；贝母、半夏、延胡索等药材因其植株枯萎时间早，则应在夏季采收。

（2）全草类药材。通常选择茎叶茂盛的现蕾期或初花期采收，例如，薄荷、穿心莲、淫羊藿、藿香、蒲公英等药材。也有少数药材需在开花后秋季采收，此时其有效成分含量最高，药材品质好，例如细辛、紫花地丁、荆芥等。

（3）叶类药材。通常选择植物生长旺盛时或开花前采收，此时植株叶片完全长成，光合作用旺盛，其有效成分含量高，药材色泽、质地佳，产量较高，例如，大青叶、紫苏叶、艾叶、人参叶等。

（4）花类药材。根据花期和色泽变化进行采收，通常选择花朵含苞初放或刚刚盛开时采收，一般不宜在花完全盛开后采收，也可分批采收。但也因以花入药的种类、部位和品质要求不同，采收期也不尽相同，例如，玫瑰、月季等花初开时采收为宜，菊花在秋冬花盛开时采收为宜，红花在夏季花朵颜色由黄变红时采收为宜。

（5）果实种子类药材。通常选择果实大部分成熟或即将成熟时采收；成熟期不一致的，要随熟随采，避免过早或过晚采收影响质量。春播和多年生药材，一般在8—10月进行采收。

（6）皮类药材。分为树皮和根皮。树皮一般应在树龄和树皮厚度达到药材规定时采收，通常选择在清明至夏至期间采收，此时植物液汁较多，形成层细胞分裂迅速，树皮较易剥离，同时有效成分含量高，例如关黄柏等。根皮则通常选择春末秋初，例如白鲜皮、五加皮。

88. 中药材全程机械化环节存在哪些问题？中药材播种机械和采收机械需要在哪些方面进行进一步研究？

中药材机械化程度现在已经成为制约中药材产业发展的关键性因素，总体来看存在以下问题。

（1）中药材机械起步晚，我国中药材行业的机械化虽然已"在路上"，但是水平还比较低，与产业发展需求不相适应，存在起点低，质量差，适应性与通用性差等问题。

（2）中药材品种繁多，种子形态和采收药用部位各异，播种和收获要求也各不相同。要实现机械化播种，需要根据不同作物种子的千粒重、形状，以及株行距、播种量、亩保苗株数、播种深度等进行播种机的研究；收获机械则要根据收获物形式是根茎、枝叶、花蕊还是果实等进行针对性研究。

（3）种植成本高，我国中药材种植面积发展迅猛，但是中药材机械化尚未有效应用，传统的人工栽植和采收方式消耗大量财力、人力、物力。如果不能尽快实现中药材机械化，将导致中药源头成本特别是人工费用不断升高，成为影响中药产业长期健康稳定发展的不利因素。

（4）种植效率低，种植质量差。如贝母的播种，党参、当归的育苗播种，目前只能人工进行；大部分中药材收获也主要依靠人工采收，或应用简易的收获机械采收后再人工拣拾，存在效率低、劳动强度大、精度差、产量低、成本高、损失大、药材品质低等问题。

（5）中药材具有严格的时节性，如不能适时播种和采获，将大大降低药材的品质。提高中药材种植效益，根本出路在于实现机械化生产，实现中草药生产机械化的难点是其播种和收获机械，而药材机械技术发展缓慢，技术积累少，有些几乎属于空白。

（6）现有少量可以使用的中药材机械，大都从其他领域借用而来，存在功能单一、生产效率低、动力消耗大、可靠性差和需较多人工辅助才能完成等问题。

中药材播种机械化研究方面需要重点考虑以下几点。首先，按种子形态是否规则，针对性地研制中药播种机。种子形态规则的，可在现有的大田作物的播种机基础上，依据种植农艺进行设计制造；种子形态不规则的，可进行包衣将其丸粒化，形成规则的外壳，便可以较易实现机械化播种。其次，针对无法规则化的种子，可根据这些特殊中药材种子的特点，分析播种作业的工作机理，确定播种作业装置各组成部件的结构参数，并进行系统的动力学仿真，结合播种装置的运动和作业特点，通过分析、研究实现技术创新，获得高精度、粒距均匀并可随机调整粒距的药材播种机。部分球根茎类的种子在播种时大小不一，形状不规则，个别的还需要带着须根进行播种，如平贝，需考虑采用振动式撒播的种植模式来开发相应的播种机。

中药材采收机械化研究方面需要研究分析中药材植物特性以及收获技术原理，应用现代机械设计方法，结合计算机模拟仿真技术，开发出适应我国中药材种植要求的各类收获机械。根和根茎类药材需要开发深层挖掘减阻技术，降低挖掘牵引阻力，充分发挥发动机功率；开发根茎与土壤分离技术，达到高自动化，实现一次作业完成除秧、挖掘、药土分离及根茎集收工序；药材的损失率小于5%；实现一机多用，收获不同种类药材。叶类药材需要根据实际需求研制伸缩式与集约式收获；开发药材识别系统，用来识别被采集部分；研制气力式输送，减少对叶片的损伤。花类药材需要研制螺旋形刀具进行切割；研制气力式输送机构，降低对花蕊的损伤。果实种子类药材需要研制振动式机构或气力式机构，将果实与植株分离；研制柔性输送机构；研制分离机构，将杂物从果实中分离出去。

89. 中药材采收后如何进行产地加工？包装需要注意哪些方面？中药材如何进行贮藏？

（1）药材产地加工。指中药材采收后在产地进行初步处理与干燥。除出售鲜货和少数中药材需要鲜用外，多数中药材都需要进行产地加工。一方面，可以剔除杂物和非药用部位，防止药材霉烂腐败，保证质量，便于贮藏和运输；另一方面，可按中药材和用药需要进行分级和其他技术处理，有利于炮制和处方调配。产地加工中对中药材的处理方法包括清选、清洗、修整、分级、去皮、切制、烫、蒸、煮、熏、浸漂、发汗和揉搓等。干燥方法包括自然干燥法和人工干燥法（坑干法、烘干法、远红外加热干燥法、微波干燥法和真空冷冻干燥法等）。不同中药材品种加工方式不同，其产地加工的一般原则如下。

①根和根茎类药材。采收后，应去净地上茎叶、泥土和须毛，根据中药材的性质迅速晒干、烘干或阴干。有些药材还应刮去或撞去外皮后晒干，有的应切片后晒干，有的在晒前需要蒸煮等。干燥温度一般在30~65℃。具体加工方式依据不同中药材品种而定。

②叶及全草类药材。采收后宜阴干，有的在干燥前适宜扎成小把。干燥温度一般在20~30℃。

③花类药材。采收后需直接晾干或烘干，并应尽量缩短烘晒的时间。除保证有效成分不损失外，应保证花色鲜艳、花朵完整。干燥温度一般在20～30℃。

④果实、种子类药材。果实采收后需直接晒干，有的需经烘烤或略煮去核，有的需用沸水微烫后捞出晾干。种子类药材采收后直接晒干，然后除净杂质，取出药材。浆果类干燥温度一般在70～90℃。

⑤皮类药材。一般在采收后除去内部木心，晒干。有的皮类药材还需发汗后晒干，或刮去外表粗皮等。含挥发油的皮类药材宜阴干，干燥温度一般在25～30℃为宜。

（2）中药材采收后，经过产地加工，要进行必要的包装，才能进行运输、贮藏和销售。不同种类的药材具有不同的特性，有的需要防潮，有的需要防压，有的需要避光等，因此对包装的要求也不相同。按照《中药材生产质量管理规范》的要求，中药材包装应注意以下几个方面。

①包装材料应当符合国家相关标准和药材特点，应清洁、干燥、无污染、无破损，保持中药材质量，禁止使用包装化肥、农药等二次利用的包装袋；毒性、按麻醉药品管理的中药材等需特殊管理的中药材应当使用有专门标记的特殊包装。

②根据中药材特性选择合适的包装材料。目前常用的包装材料有木制品、竹制品、藤制品、麻袋、瓦楞纸箱、塑料包装等，应遵循费用较低、操作简单、外观美观、搬运方便、使用安全等原则，同时包装还应当努力实现标准化、规范化和机械化。

③包装前应检查并清除劣质品及异物，包装应按照标准操作规程操作，并有包装记录，内容包括品名、规格、产地、批号、重量、包装工号、包装日期等，同时在包装贮藏过程中依据

GB/T 21911—2008《食品中邻苯二甲酸酯的测定》规定进行增塑剂检测。

（3）中药材的贮藏。中药材贮藏是加工、包装后一个必要环节，也是商品流通领域不可或缺的一环。但在贮藏过程中，因受周围环境和自然条件等因素的影响，经常会发生虫蛀、霉变、泛油、变色、融化、潮解等，也易遭受真菌毒素、虫害排泄物等及化学药剂养护中使用的有毒杀虫剂等二次污染，因此，中药材合理贮藏对保障药材质量安全十分重要。

若药材贮藏时间较短，需要选择地势高、干燥凉爽、通风良好的室内贮藏，做好防潮处理。若需较长时间贮藏，则要考虑仓储环境是否符合规定。根据《中药材生产质量管理规范》，"暂时性或者集中贮藏的中药材仓库均应当符合贮藏条件要求，易清理，不会导致中药材品质下降或者污染；根据需要建设控温、避光、通风、防潮和防虫、鼠、禽、畜等设施"。另外，药材应放在货架上，与墙壁保持足够距离，进行分类贮藏，避免与毒性药物混贮，并要进行定期检查。中药饮片进库前应严格检查其含水量，库存后再检查时应用除湿剂、吸湿剂以及气幕防潮等方法，控制相对湿度，以防止药材霉变，确保饮片质量，保证药物效用。

90. 什么是中药材质量全程可追溯体系？

中药材质量全程可追溯体系是中药材从生产到销售的全程监管体系，包括产地环境、种源采购、栽培方式、田间管理、采收加工、包装运输、储藏、上市销售。该体系包含生产者信息、产品信息、文件信息和经营者信息4个方面的信息。信息的采集应包含中药材从生产至销售全过程的信息录入与管理。产品信息应采集中药材产品的基本性状、产地生态环境、种源采购、栽培方式、田间管理、采收加工、包装运输、储藏、上市销售及相应负责人联系方式等指标；生产者信息应采集企业名称、性质、地址、联系方式等指标；经营者信息应采集经销、批发、配送、物流方式及相应负责人联系方式等指标；文件信息应设立认证信息和法律法规要求等指标。监管部门需要根据记录的溯源信息，分析企业的产品标准执行情况、原料来源及产品流向，判断中药材质量情况，并对企业产品的质量进行监督管理。消费者可通过网络、短信和电话等多种方式查询药材的质量信息，并进行质量反馈。中药材质量全程可追溯通过多种追溯方式进行中药材质量的正向跟踪和反向追溯。

91. 中药材种子（苗）生产经营许可如何办理？

根据《农作物种子生产经营许可管理办法》（中华人民共和国农业部令2016年第5号）的规定，"农业主管部门应当按照保障农业生产安全、提升农作物品种选育和种子生产经营水平、促进公平竞争、强化事中事后监管的原则，依法加强农作物种子生产经营许可管理"。

（1）申请条件。申请中药材种子（苗）生产经营许可的参照《农作物种子生产经营许可管理办法》第七条，申请领取非主要农作物种子生产经营许可证的企业，应当具备如下条件。

①基本设施。生产经营非主要农作物种子的，具有办公场所100m²以上、检验室50m²以上、加工厂房100m²以上、仓库100m²以上。

②检验仪器。具有净度分析台、电子秤、样品粉碎机、烘箱、生物显微镜、电子天平、扦样器、分样器、发芽箱等检验仪

器，满足种子质量常规检测需要。

③加工设备。具有与其规模相适应的种子加工、包装等设备。

④人员。具有种子生产、加工贮藏和检验专业技术人员各2名以上。

⑤品种。生产经营登记作物种子的，应当具有1个以上的登记品种。

注：因国家发布的29种非主要农作物登记目录中还没有中药材，因此现阶段，此条可不执行。

⑥生产环境。生产地点无检疫性有害生物，并具有种子生产的隔离和培育条件。

⑦农业农村部规定的其他条件。

（2）受理、审核与核发部门。《农作物种子生产经营许可管理办法》第十三条规定，从事非主要农作物种子经营的，其种子生产经营许可证由企业所在地县级以上地方农业主管部门核发。

（3）网上如何申请办理。

①登录中华人民共和国农业农村部种业管理司网站（http：// www.zzj.moa.gov.cn/）。

②点击进入左下方的"中国种业大数据平台"。

③点击"业务办理"。

④注册登录后，在"办理业务"选择"种子生产经营许

可"，填报网上申请表格。

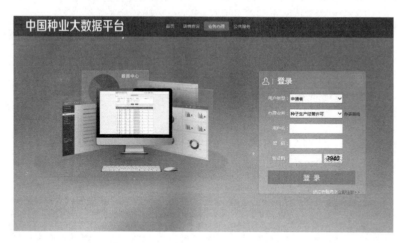

92. "龙九味"——人参的道地产区是哪里？药典标准是什么？栽培技术要点有哪些？

（1）人参的道地产区。人参原名为"葠"，《说文解字》中表述："葠，药草，出上党，浸者也。"最早产地之一是山西的上党郡，故称上党人参，党参一名成为上党人参的别称。后上党人参绝迹，历史上产生混乱，出现了以假乱真，主要与桔梗科沙参属植物相混乱；也有人认为桔梗科党参即为上党人参。人参另一古代产地为辽东，即辽河以东地区，包括古代朝鲜半岛的高丽、百济和新罗，这与现代五加科人参道地产区相一致。

目前人参栽培区域主要分布在东北亚地区，除中国外，主要有韩国、朝鲜、日本及俄罗斯。但中国人参产量居世界首位，占世界产量的80%左右。在我国，前几年吉林省为人参主要产区，尤以吉林抚松县、长白朝鲜自治县、集安市、靖宇县栽培面积最大，认为长白山区为吉林人参主产区。但近年来，人参主产区北移，主要的栽培区移至黑龙江省，主要包括庆安、东宁、海林、宝清、五常、依兰、通河、虎林、穆棱等县（市），栽培面积居全国首位。

（2）人参的药典标准［选列，详见《中华人民共和国药典（2020版）》］。

本品为五加科植物人参（*Panax ginseng* C.A.Mey.）的干燥根和根茎。多于秋季采挖，洗净经晒干或烘干。栽培的俗称"园参"，播种在山林野生状态下自然生长的称"林下山参"，习称"籽海"。

［性状］主根呈纺锤形或圆柱形，长3～15cm，直径1～2cm。表面灰黄色，上部或全体有疏浅断续的粗横纹及明显的纵皱，下部有支根2～3条，并着生多数细长的须根，须根上常有不明显的细小疣状突出。根茎（芦头）长1～4cm，直径0.3～1.5cm，多拘挛而弯曲，具不定根（艼）和稀疏的凹窝状茎痕（芦碗）。质较硬，断面淡黄白色，显粉性，形成层环纹棕黄色，皮部有黄棕色的点状树脂道及放射状裂隙。香气特异，味微苦、甘。

主根多与根茎近等长或较短，呈圆柱形、菱角形或人字形，长1～6cm。表面灰黄色，具纵皱纹，上部或中下部有环纹，支根多为2～3条，须根少而细长，清晰不乱，有较明显的疣状突起。根茎细长，少数粗短，中上部具稀疏或密集而深陷的茎痕。不定根较细，多下垂。

［鉴别］①本品横切面：木栓层为数列细胞。栓内层窄。韧皮部外侧有裂隙，内侧薄壁细胞排列较紧密，有树脂道散在，内含黄色分泌物。形成层成环，木质部射线宽广，导管单个散在或数个相聚，断续排列成放射状，导管旁偶有非木化的纤维。薄

壁细胞含草酸钙簇晶。

粉末淡黄白色。树脂道碎片易见，含黄色块状分泌物。草酸钙簇晶直径20～68μm，棱角锐尖。木栓细胞表面观类方形或多角形，壁细波状弯曲。网纹导管和梯纹导管直径10～56μm。淀粉粒甚多，单粒类球形、半圆形或不规则多角形，直径4～20μm，脐点点状或裂缝状；复粒由2～6分粒组成。

②取本品粉末1g，加三氯甲烷40ml，加热回流1h……。供试品色谱中，在与对照药材色谱和对照品色谱相应位置上，分别显相同颜色的斑点或荧光斑点。

[检查]**水分** 不得过12.0%（通则0832第二法）。

总灰分 不得过5.0%（通则2302）。

重金属及有害元素 照铅、镉、砷、汞、铜测定法（通则2321原子吸收分光光度法或电感耦合等离子体质谱法）测定，铅不得过5mg/kg；镉不得过1mg/kg；砷不得过2mg/kg；汞不得过0.2mg/kg；铜不得过20mg/kg。

其他有机氯类农药残留量 照气相色谱法（通则0521）测定。

本品中含五氯硝基苯不得过0.1mg/kg；六氯苯不得过0.1mg/kg；七氯（七氯、环氧七氯之和）不得过0.05mg/kg；氯丹（顺式氯丹、反式氯丹、氧化氯丹之和）不得过0.1mg/kg。

[含量测定]照高效液相色谱法（通则0512）测定色谱。

本品按干燥品计算，含人参皂苷Rg_1（$C_{42}H_{72}O_{14}$）和人参皂苷Re（$C_{48}H_{82}O_{18}$）的总量不得少于0.30%，人参皂苷Rb_1（$C_{54}H_{92}O_{23}$）不得少于0.20%。

饮片

[炮制]润透，切薄片，干燥，或用时粉碎、捣碎。

人参片 本品呈圆形或类圆形薄片。外表皮灰黄色。切面淡黄白色或类白色，显粉性，形成层环纹棕黄色，皮部有黄棕色的点状树脂道及放射性裂隙。体轻，质脆。香气特异，味微苦、甘。

〔含量测定〕同药材，含人参皂苷Rg_1（$C_{42}H_{72}O_{14}$）和人参皂苷Re（$C_{48}H_{82}O_{18}$）的总量不得少于0.27%，人参皂苷Rb_1（$C_{54}H_{92}O_{23}$）不得少于0.18%。

〔鉴别〕（除横切面外）〔检查〕同药材。

〔性味与归经〕甘、微苦，微温。归脾、肺、心、肾经。

〔功能与主治〕大补元气，复脉固脱，补脾益肺，生津养血，安神益智。用于体虚欲脱，肢冷脉微，脾虚食少，肺虚喘咳，津伤口渴，内热消渴，气血亏虚，久病虚羸，惊悸失眠，阳痿宫冷。

〔用法与用量〕3～9g，另煎兑服；也可研粉吞服，一次2g，一日2次。

〔注意〕不宜与藜芦、五灵脂同用。

〔贮藏〕置阴凉干燥处，密闭保存，防蛀。

（3）栽培技术要点。

①选地整地。选择平地、平岗地或坡度在20°以下，远离居民区和主要公路500m的地块，坡地以北坡、东坡和东北坡为宜，选择黄沙腐殖土、黑沙腐殖土、壤土或沙质壤土、有机质含量在3%以上的土壤为宜。育苗田前一年要进行土壤休闲、熟化、翻倒晾晒，最好伏前进行，翻耕深度30～40cm，一般2～3次，切勿雨天作业，春季翻耕前根据土壤养分状况施入适量有机肥。播种或移栽前彻底清除碎石块、树根之类杂质，旋耕3次以上，作20～40cm的高畦。畦宽一般为100～130cm，畦长根据实际情况而定，作业道宽为60～100cm，应以能保持作业方便及通

风为准。结合作畦均匀施入相应杀菌剂和杀虫剂。

②播种。

种子处理：人参种子可进行室内催芽或室外催芽处理。

室内催芽：将种子置于清水中浸泡24～48h，使其充分吸水，取出后用两倍湿沙土（细沙和腐殖土各半，湿度约35%，以手握成团、落地散开为宜）拌匀，装入盆钵内，保持温度在18～20℃温度下，每隔半月翻动1次，适当加水，保持湿润状态。经过2～3个月后，绝大部分种子裂口，即可进行播种。如不立即播种，应放窖内冷冻或在冬季埋于室外土内贮藏，以抑制芽的伸长。

室外催芽：选择向阳背风、高燥、排水良好的场地，挖22cm左右的深坑，放入无底木框（或用砖石做框），框的大小根据种子的多少而定。种子置于清水中浸泡24～48h，将种子混拌两倍量的混合土（1/3的细沙，2/3的腐殖土混合，淋水湿润至手握成团、落地散开的程度，再与种子混合）装入坑内，上面盖土6cm左右，踏实。晚间和雨天盖以草帘，白天和晴天揭开进行日晒，每隔1～2周取出翻拌1次，调整水分，再装入坑内，经2～3个月种子即裂口。

播期：可春播、夏播和秋播。春播选择4月中旬至5月上旬播种催芽后的种子。夏播选择7月下旬至8月下旬播种当年采收的新鲜种子，也称水籽播种，目前多采用这种方法。水籽播种洗去果肉即可播种；也可将种子收集后陆续贮藏于湿沙土内，集中播种，这样可使其在自然条件下完成种胚后熟阶段，翌春出苗。气温较高地区，可以在6月上旬试行干种子直播，其种胚后熟阶段在播后完成，翌年春季出苗。秋播选择10月中下旬播种催芽种子。

播种方法：有点播、条播、撒播。点播，每穴放入种子1粒，覆土3～5cm，木板轻轻镇压畦面；一般育一年生苗，采用3.5cm×4cm点播，育二年生苗采用4cm×4cm点播，育三年生苗采用5cm×5cm点播。夏秋点播，要覆盖玉米秸秆或稻草，再压10～15cm的防寒土。条播，一般按行距10cm，播幅5cm条播，用平头镐在畦面上开成5cm深的平底沟，种子均匀散入，覆土3～5cm。撒播，用木板将畦面刮成5～6cm深槽，撒入种子，将原土覆平，保持土壤湿润。如果翌年出苗，则须盖草一层，压上3～6cm。每平方米需种子30～50g。

③移栽。一般采取培育二年参苗进行移栽，二年生的参苗成活率高，因参苗小，易缓苗，生殖生长期增一年，有利于参根增重。一般多采用秋栽，秋栽在10月进行。栽参头一天把苗起出，栽多少起多少，远距离运输，要用苔藓外包装。移栽选择芽苞肥大、浆足、芦头完整、须完整健壮的参苗。参苗消毒用150单位抗霉素、120倍波尔多液等药液浸种5～10min，勿浸泡芽，取出稍干。栽参畦面用刮板（长26cm，宽16cm，下面有薄刃，背呈木梳状）刮沟，沟底平整或斜坡。将参苗接芦头向畦端摆匀，用刮板覆土顺参压好参须，再行覆土。栽到最后一行要倒栽，即芦头向畦末端，参须相对。栽完耙平畦面，使畦中略高，以便排水，覆盖植物秸秆残叶，并覆盖土3～6cm。移栽的株行距、参苗株数及覆土深度，应按参苗大小有所不同。

④田间管理。

撤出防寒土：土壤解冻后，芽苞尚未萌发时去掉防寒草，用耙搂松表土，深度以不伤根为度。以后各次松土要浅，每年松土3～4次。撤除防寒物后，要及时用药剂对畦面进行全面消毒，这是一项保苗、防病、增产的有效措施。

架设荫棚：刚刚出苗或没有出苗时搭荫棚，棚前檐高100～130cm，后檐高66～100cm，其差度称为张口，一般在26～33cm。上面覆草帘、芦苇帘、板，也可以用芦苇。土壤干旱时要适当浇水，尤其是雨量较少地区的农田栽参更应注意浇水。浇水后要松土，雨季防止积水。

摘蕾：人参生长至第三年后开花结果，5月中下旬人参开花之前，将花蕾掐掉。当花梗长至5cm时，从花梗上1/3处将整个花序掐掉，注意勿拉伤植株。掐掉的花蕾收集起来，阴干保存，用于加工。

越冬防寒：秋季人参枯萎后，畦面用草覆盖越冬，帘子拆除或不拆皆可。秋末至封冻或春季化冻时，降到畦面的雪，融化成雪水后，容易渗入畦内，使人参感病、烂芽、烂根和破肚子，必须将此雪及时撤下来。不下帘的参棚，当积雪厚度达10cm以上时，易压坏参棚，也要及时撤下来。初冬和早春的气温变化大，特别是向阳坡和风口地方，白天化冻晚间结冻，一冻一化极易引起参根遭受融冻型冻害，俗称缓阳冻，要及时清理排水沟，并往畦面上多加些土或盖一层帘子，防止发生暖阳冻害。

⑤收获。

人参采收：人参生长5～6年，即移栽3～4年后，于9—10月茎叶枯萎时即可采收。采收时，先拆除参棚，从畦的一端开始，将参根逐行挖出，抖去泥土，去净茎叶，并按大小分等。将参根洗净，剪去须根及侧根，晒干或烘干，即为生晒参。选择体型好、浆足、完整无损的大参根放在清水中冲洗干净，刮去疤痕上的污物，掐去须根和不定根，沸水后蒸3～4h，取出晒干可在60℃的烘房内烘干，即得红参。

种子采收：人参第三年开始开花结果，但种子小，数量少，一般在第五年采收种子为宜。采种时间一般在7月下旬至8月上旬，当果实充分红熟呈鲜红色时采摘。随采随搓洗，清除果肉和瘦粒，用清水冲洗干净，待种子稍干，表面无水时便可播种或催芽埋藏。若需干籽，则将种子阴干至含水量达15%以下时即可，注意不宜晒干。阴干的种子，置干燥、低温及通风良好的地方保藏。

93. "龙九味"——西洋参的道地产区是哪里？药典标准是什么？栽培技术要点有哪些？

（1）西洋参的道地产区。西洋参原产于加拿大的魁北克地区和美国的威斯康星州，清代传入中国。但国内首次栽培西洋参是在1948年，庐山植物园从加拿大引进西洋参，并在20世纪80年代初期试种成功，随后在吉林、辽宁、黑龙江、北京、山东、河北等地大面积推广。目前，加拿大、中国、美国已成为世界上三大西洋参生产国，国产西洋参主产区在东北、山东、北京、陕西。1975年，中国科学院北京植物园送给黑龙江省森林植物园少量西洋参种子进行试种，后黑龙江省大量引进，在尚志、木兰、五常等地林场栽种，目前栽培区域主要在穆棱、海林、尚志、延寿等地。

（2）西洋参的药典标准［选列，详见《中华人民共和国药典（2020版）》］。

本品为五加科植物西洋参（*Panax quinquefolium* L.）的干燥根。均系栽培品，秋季采挖，洗净，晒干或低温干燥。

［性状］本品呈纺锤形、圆柱形或圆锥形，长3～12cm，直径0.8～2cm。表面浅黄褐色或黄白色，可见横向环纹和线形皮孔状突起，并有细密浅纵皱纹和须根痕。主根中下部有一至数条侧

根，多已折断。有的上端有根茎（芦头），环节明显，茎痕（芦碗）圆形或半圆形，具不定根（艼）或已折断。体重，质坚实，不易折断，断面平坦，浅黄白色，略显粉性，皮部可见黄棕色点状树脂道，形成层环纹棕黄色，木部略呈放射状纹理。气微而特异，味微苦、甘。

〔鉴别〕取本品粉末1g，加甲醇25ml……。供试品色谱中，在与对照药材色谱和对照品色谱相应的位置上，分别显相同颜色的斑点或荧光斑点。

〔检查〕**水分**　不得过13.0%（通则0832第二法）。

总灰分　不得过5.0%（通则2302）。

重金属及有害元素　照铅、镉、砷、汞、铜测定法（通则2321原子吸收分光光度法或电感耦合等离子体质谱法）测定，铅不得过5mg/kg；镉不得过1mg/kg；砷不得过2mg/kg；汞不得过0.2mg/kg；铜不得过20mg/kg。

其他有机氯类农药残留量　照气相色谱法（通则0521）。

测定本品中含五氯硝基苯不得过0.1mg/kg；六氯苯不得过0.1mg/kg；七氯（七氯、环氧七氯之和）不得过0.05mg/kg；氯丹（顺式氯丹、反式氯丹、氧化氯丹之和）不得过0.1mg/kg。

〔浸出物〕照醇溶性浸出物测定法项下的热浸法（通则2201）测定，用70%乙醇作溶剂，不得少于30.0%。

〔含量测定〕照高效液相色谱法（通则0512）测定。

本品含人参皂苷Rg$_1$（C$_{42}$H$_{72}$O$_{14}$）、人参皂苷Re（C$_{48}$H$_{82}$O$_{18}$）和人参皂苷Rb$_1$（C$_{54}$H$_{92}$O$_{23}$）的总量不得少于2.0%。

饮片

〔炮制〕去芦，润透，切薄片，干燥或用时捣碎。

〔性状〕本品呈长圆形或类圆形薄片。外表皮浅黄褐色。切面淡黄白至黄白色，形成层环棕黄色，皮部有黄棕色点状树脂道，近形成层环处较多而明显，木部略呈放射状纹理。气微而特异，味微苦、甘。

〔浸出物〕同药材，不得少于25.0%。

〔鉴别〕〔检查〕〔含量测定〕同药材。

〔性味与归经〕甘、微苦，凉。归心、肺、肾经。

〔功能与主治〕补气养阴，清热生津。用于气虚阴亏，虚热烦倦，咳喘痰血，内热消渴，口燥咽干。

〔用法与用量〕3～6g，另煎兑服。

〔注意〕不宜与藜芦同用。

〔贮藏〕置阴凉干燥处，密闭，防蛀。

（3）栽培技术要点。

①选地整地。选择土壤理化性状好、疏松、透气、透水及保肥保水性能好，有良好的团粒结构的壤土、沙质壤土；以沙质壤土为宜，不宜选择重黏土、沙土及盐碱土。土壤pH值为5.5～7，有机质含量大于0.8%。地势相对平坦，水源方便，排水好，坡位为中下，窝风向阳的地块为宜。前茬以小麦、玉米等禾本科作物为宜，大豆应以压青为宜；不宜选择花生、蔬菜、烟草、老果园等作物的地块。选择适宜地块后，进行整地和翻晒，整个土地休闲期应结合施用有机肥共翻耕、旋耕6～8次，深度为15～25cm。10月中旬前施入优质有机肥作为基肥，育苗田每亩用肥量3～4m³，移栽田每亩4～5m³。10月中下旬施入相应杀菌剂和杀虫剂，灭杀虫卵和病菌。深秋播种或移栽前，整平土地作高畦，畦高25cm，畦面宽1.4m，作业道宽0.3m，边坡比为1：1。

②播种。

选种：播种选用的种子必须是经过严格检验的合格种子，种子外观需饱满、色泽淡黄，无虫蛀霉变。

种子处理：采种当年的9月下旬至后年的4月中下旬，采取隔年沙藏层积处理的方法（即沙藏两冬一夏）。根据种子的数量建设处理棚，用木制构架或钢架建设种子处理棚，用塑料布和遮阳网覆盖。在棚内砌筑宽度为1.5～2m，深度为1.2～1.5m，长度可根据实际情况确定的种子处理池，底层铺10cm厚的河卵石或出河沙。用洁净的河沙作基质，处理前对河沙进行筛选，共筛选两次，第一遍将河沙里的细土和细沙筛除，第二遍将大于种子直径1/3以上的沙子筛除。用500～1 000倍的高锰酸钾溶液对种子进行浸泡4～8h消毒处理，捞出后控干水分与河沙混拌，混沙比例为种沙比1：3，同时用1 000倍高锰酸钾水溶液进行拌种，达到饱和含水量的50%～60%即可，将混合后的种沙倒入种子处理池内，距处理池上沿应大于20cm，用草帘子覆盖，防止水分流失。要时时观测种子的湿度和温度，每隔5～7d翻动一次，保证种子水分和温度均匀，每两次进行一次种沙消毒，温度过高时应打开处理棚通风降温。每年在结冻前用河沙和草帘子进行封窖，浇足封冻水进行越冬，翌年春季棚内温度大于10℃时开窖，进行翌年的夏季和冬季处理，方法同上，注意预防鼠害。

播期：春播于4月中下旬土壤解冻后进行，秋播于10月中下旬至土壤封冻前进行。

播种方式：播种前，每平方米用50%多菌灵15～20g施于床面，混土深至5cm左右，进行土壤消毒。采取床面撒播的方式，均匀撒播种子，覆土2～2.5cm。播种量为50g/m²，播种密度为600株/m²。播种覆土后用适当的工具轻拍压实后喷施50%多菌灵

100倍液进行床面消毒；春季播种后需覆盖草帘子稻草、铡碎的玉米秸秆、树叶覆盖畦面保持土壤水分和晚霜危害，覆草厚度5～6cm（以不露地面为宜）。

③育苗田田间管理。

a. 搭建参棚。

定点、栽杆：在平整好的土地上，按行距2～2.2m、杆距3.5～6m定点。选用木杆或水泥柱，木杆要求杆长2.3～2.5m，直径不小于4cm；水泥柱规格为8cm×8cm×（230～250）cm。在定点位置上，挖坑深度50～60cm。栽杆要求横平竖直。

地锚制作与掩埋：选用石块、水泥段等做地锚，地锚长度为60～80cm。用铁丝捆好放入坑内。地锚坑的位置应选在每行杆延长线距离边杆2m处，地锚线的长度应在保证埋好地锚后外部留存10cm，在捆地锚时，将留出部分做成环状，以便和立杆连接。

埋边杆：边杆应选择粗壮的杆，将边杆和地锚用铁丝拉紧备用。

绑边横杆：如用木杆，选择粗壮、挺直的作为横杆，用铁丝绑在边杆上，边杆上端留出10cm左右。

放铁丝：用铁丝一端与边杆（横杆）固定，沿纵向用紧线器拉紧后与在另一端的边杆（横杆）固定，每行放3根铁丝。如用水泥柱每行放2根。放完后，再在中间位置再放1根铁丝，作为压盖苇箔使用（如用遮阳网或水泥立柱则不用此步骤）。

绑横杆：横杆用4～6m的竹竿，用铁丝将其与立柱绑在一起，要求横向保持水平。如用水泥柱，横杆用铁丝代替。

上遮阴物：选用苇箔或遮阳网作为遮阴物。苇箔宽度为2.3～2.5m，长度1～6m，1～2年生西洋参透光度15%～20%，

3～4年透光度为30%～35%。从参床的一端开始，每块苇箔的宽度正好遮住参床的宽度，将苇箔放在已经放好的铁丝中间，依次放开，苇箔接头，用铁丝连接。每隔1m、1.5m用铁丝将苇箔上下两层铁丝捆紧。于每年西洋参出苗前进行。

围棚：参棚四周用遮阴网、苇箔等夹成挡风障。

b. 抗旱、排涝。土壤水分以土壤最大持水量的60%～70%为宜。低于40%需喷水抗旱，高于80%要排涝。

c. 适时撤除覆盖物。4月底至5月初时，待苗子出齐后，适时撤除覆盖物。撤草时留些短碎草，以利保墒和防止雨水冲击地面。

d. 畦面消毒。去除防寒物后，用1%硫酸铜消毒杀菌，药液不得渗沾到芽苞和参根。

e. 畦面松土。撤草后，于5月初进行。以浅锄为主，不要伤害芽苞。

f. 除草。床面除草采取人工除草，可与松土、施肥相结合。步道和主副道除草采取化学除草的方式，用灭生性除草剂喷施，可用农达，注意农药的漂移危害。

g. 防寒。秋季气温在0℃上下变动时（东北地区时间应为：霜降节气前后视气温而定），用稻草、铡碎的玉米秸秆或树叶覆盖畦面（也可用草帘子和保温毡），厚度5～7cm，保墒防冻。上冻前再覆盖一层参膜，膜上压参网。地边、床边加厚，在床边盖草后压少量土，防止风刮草。

④移栽。选择春（秋）季成活率较高的移栽时间。秋季移栽的时间为10月中下旬至封冻前，春季移栽时间为土壤解冻后4月中下旬至苗子萌动前（一般5月上旬之前完成）。依据苗子的个体大小，根须完整程度，表面无破损情况，芦头完好程度，有

无病斑等分为3个等级：一级苗标准为个体肢头相对较大，与其他个体基本一致，根须完整，表面无破损，芦头完好，无病斑。二级苗标准为个体肢头相对较中等，与其他个体基本一致，根须完整，表面无破损，芦头完好，无病斑。三级苗即残次苗，个体肢头相对较较小，与其他个体差异加大，根须不完整，表面无破损或机械损伤，芦头不好，有病斑。可选择使用。顺畦刨开畦，从畦一端刨起参根，注意不要伤及参苗。起苗后按照参苗分类，用50%多菌灵500倍液或65%代森锰锌600倍液浸苗20～30min，水沥干后待栽。一年生苗移栽密度为（10～16）cm×（6～8）cm；二年生一级苗移栽密度为（15～20）cm×10cm，二年生二级苗移栽密度为（15～20）cm×8cm，二年生三级苗移栽密度为（15～20）cm×6cm。可选择斜栽或平栽，斜栽根据参苗的大小将参床开成适当的行距、与床面成30°～45°夹角深度适宜的沟，将参苗在倾斜面按要求摆放后，覆土，使芽苞距土表2～3cm；平栽根据参苗的大小用压印器将参床开成适当的行距、与床面平行深度适宜的穴，将参苗芦头朝一个方向平放在穴内（每穴一根参苗），覆土，芽苞距土表2～3cm。移栽后覆土厚度3～4cm，注意覆土要松散，要捡除草根，石块等杂物。

⑤移栽田田间管理。

施肥：实行测土配方施肥，以有机肥为主，采取"控制氮量，增施磷、钾"的施肥技术。叶面喷施和根部追施相结合。出苗前追施复合肥50～100g/m²；充分腐熟的饼肥50g/m²。在6—9月结合打药适当加入N、P、K、B、Zn等，N、P、K浓度为0.1%。开花前以N、P为主，开花后以P、K为主。

摘除花蕾：3年生以上非留种植株，当花薹抽出1～2cm时，及时摘蕾。

床面除草：采取人工除草，可与松土、施肥相结合。

抗旱、排涝：土壤水分以土壤最大持水量的60%～70%为宜。低于40%需喷水抗旱，高于80%要排涝。

防寒：12月下旬，用麦草、稻草等10～15cm厚盖在参床上，保墒防冻。地边、床边加厚，在床边盖草后压少量土，防止风刮草。秋季气温在0℃上下变动时（东北地区时间应为：霜降节气前后视气温而定），用稻草、铡碎的玉米秸秆或树叶覆盖畦面（也可用草帘子和保温毡），厚度5～7cm，上冻前再覆盖一层参膜，膜上压参网，进入冬季休眠期后，加强管护，预防鼠害和牲畜损害。

适时撤除防寒物：4月中下旬5上旬初时，撤除防寒物。撤草时留些短碎草，以利保墒和防止雨水冲击地面造成土壤板结。

撤除防寒物畦面消毒：去除防寒物后，用1%硫酸铜消毒杀菌，药液不得渗沾到芽苞和参根。

畦面松土：去除防寒物后，于5月初进行。以浅锄为主，不要伤害芽苞。

⑥收获。

种子采收：参园内有80%西洋参果实变为鲜红时，于9月上旬开始，对鲜红色果实进行采收。隔4～5d再采收1次。下雨天或刚下过雨不采，早晨待露水干后再采。喷农药不到安全间隔期不采。采收后及时处理。

参根采收：西洋参生长4年，于10月上中旬茎叶变黄时采收。采收时注意防止人为机械损伤，力求保持根形完整，除去表面多余的浮土后，放置于适宜的包装内（果筐或纸箱内应放置适宜的内衬物，防止参表面受到磨损）。

⑦加工。原皮西洋参烘干的工艺流程：鲜品西洋参→洗

刷→晾晒→烘干→打潮下须→第二次烘干。烘干温度为20℃→37℃→43℃→32℃。产品应贮存在清洁、干燥、阴凉、通风、无异味的仓库内，不得与有毒、有害、有腐蚀性的物品贮存在一起。有条件的采用低温冷藏法，温度0～5℃。

94. "龙九味"——刺五加的道地产区是哪里？药典标准是什么？栽培技术要点有哪些？

（1）刺五加的道地产区。古代本草未见刺五加的单独记载，只记载五加皮。中药五加皮始载于汉代《神农本草经》，名"五加皮"，列为上品。本草考证认为古代药用五加来源于五加科五加属的多种植物，《名医别录》中所载豺节五加才为现代刺五加。历代史料证明汉中及其所处的秦巴山区是古代五加皮的原产地和主产区，现代刺五加主要分布于黑龙江、吉林、辽宁、河北和山西等地。黑龙江省刺五加主产区主要在伊春、黑河、抚远、北安、铁力、穆棱、通河、尚志、勃利、宝清。

（2）刺五加的药典标准［选列，详见《中华人民共和国药典（2020版）》］。

本品为五加科植物刺五加［*Acanthopanax senticosus*（Rupr. et Maxim.）Harms］的干燥根和根茎或茎。春、秋两季采收，洗净，干燥。

［性状］本品根茎呈结节状不规则圆柱形，直径1.4～4.2cm。根呈圆柱形，多扭曲，长3.5～12cm，直径0.3～1.5cm；表面灰褐色或黑褐色，粗糙，有细纵沟和皱纹，皮较薄，有的剥落，剥落处呈灰黄色。质硬，断面黄白色，纤维性。有特异香气，味微辛、稍苦、涩。

本品茎呈长圆柱形，多分枝，长短不一，直径0.5～2cm。表面浅灰色，老枝灰褐色，具纵裂沟，无刺；幼枝黄褐色，密生细刺。质坚硬，不易折断，断面皮部薄，黄白色，木部宽广，淡黄色，中心有髓。气微，味微辛。

［鉴别］①本品根横切面：木栓细胞数10列。栓内层菲薄，散有分泌道；薄壁细胞大多含草酸钙簇晶，直径11～64μm。韧皮部外侧散有较多纤维束，向内渐稀少；分泌道类圆形或椭圆形，径向径25～51μm，切向径48～97μm；薄壁细胞含簇晶。形成层成环。木质部占大部分，射线宽1～3列细胞；导管壁较薄，多数个相聚；木纤维发达。

根茎横切面：韧皮部纤维束较根为多；有髓。

茎横切面：髓部较发达。

②取本品粉末5g，加75%乙醇50ml……。供试品色谱中，在与对照药材色谱相应的位置上，显相同颜色的荧光斑点；在与对照品色谱相应的位置上，显相同的蓝色荧光斑点。

［检查］**水分**　不得过10.0%（通则0832第二法）。

总灰分　不得过9.0%（通则2302）。

［浸出物］照醇溶性浸出物测定法（通则2201）项下热浸法测定，用甲醇作溶剂，不得少于3.0%。

［含量测定］照高效液相色谱法（通则0512）测定。

本品按干燥品计算，含紫丁香苷（$C_{17}H_{24}O_9$）不得少于0.050%。

饮片

［炮制］除去杂质，洗净，稍泡，润透，切厚片，干燥。

［性状］本品呈类圆形或不规则形的厚片。根和根茎外表皮灰褐色或黑褐色，粗糙，有细纵沟和皱纹，皮较薄，有的剥落，剥落处呈灰黄色；茎外表皮浅灰色或灰褐色，无刺，幼枝黄

褐色，密生细刺。切面黄白色，纤维性，茎的皮部薄，木部宽广，中心有髓。根和根茎有特异香气，味微辛、稍苦、涩；茎气微，味微辛。

［检查］**水分** 同药材，不得过8.0%。

总灰分 同药材，不得过7.0%。

［鉴别］（除横切面外）［浸出物］［含量测定］同药材。

［性味与归经］辛、微苦，温。归脾、肾、心经。

［功能与主治］益气健脾，补肾安神。用于脾肺气虚，体虚乏力，食欲不振，肺肾两虚，久咳虚喘，肾虚腰膝酸痛，心脾不足，失眠多梦。

［用法与用量］9～27g。

［贮藏］置通风干燥处，防潮。

（3）栽培技术要点。

①选地整地。选择向阳、土层深厚肥沃、排灌条件好、土壤微酸性的沙壤土种植，或在山地缓坡撂荒地，坡度在20°以下、疏松、肥沃的沙质壤土为好。最好在秋季进行耕翻，经过一个冬天的充分风化后，在翌年春季进行耙压、作畦、打垄。一般育苗田作成宽130cm、高20cm的高畦，结合整地亩施腐熟有机肥3 000kg。移栽田要精耕细作，起65cm的垄，结合整地亩施腐熟有机肥4 000～5 000kg、钙镁磷肥250～300kg。

②播种。采用种子和扦插繁殖均可。

种子处理：采摘成熟变黑的刺五加果实，趁鲜时揉搓、水洗，漂出种子，用2倍量的湿沙混拌均匀，放在花盆或木箱中，在20℃左右温度下催芽。每隔7～10d翻动1次，3个月左右，待种子有50%左右裂口时，放在3℃以下低温贮藏，到翌年4月中旬便可进行播种，5月便可出苗。也可采用与刺五加天然种子繁殖相似的方法，即把收取的种子立即播种或翌年6—7月播种，等到第三年5月才能出苗。

种子繁殖：育苗床要深翻耙细，浇透底水，按株行距8cm×8cm穴播，每穴2～3粒种子，播后覆土2cm左右，上盖3～5cm厚树叶等物遮阴。出苗后及时去掉覆盖物，适当浇水保持床土湿润，幼苗期要设遮阴帘并保持床面无杂草，生长2年后移栽。

扦插繁殖：选取当年的幼茎或尚未开花、生长健壮的带叶枝条，剪成长度约20cm的插条，插条留中部3片小叶，如中叶过大，可剪去1/2，扦插于苗床内，插床上要覆盖薄膜，为避免强光直射，可在苗床上再搭建遮阴棚，使用50%～70%遮光率的遮阳网遮阴，每天喷雾2～3次；扦插后30～40d生根，去掉薄膜，50～60d后即可移栽，移栽时应选阴天或傍晚进行，以带土移植为好。

③移栽。8月以后气温降低，易生长不良，故移栽不宜过晚。移植成活的幼株当年不宜定植不方便管理的山地，最好精心培育1年，到第三年再移植于大田。当培育的苗木达到基部半木质化后及时进行移栽，按株行距0.50m×1.30m挖穴定植。

④田间管理。

除草松土：树苗定植后要进行除草松土。

追肥：刺五加为喜肥植物，每个生育期追肥2～3次。第一次应在返青后追施腐熟有机肥每亩2 000～3 000kg；第二次在前次追肥后30～40d进行，用肥量与第一次相同，并追施磷酸钾或磷酸二氢钾20～30kg；第三次在秋后进行，用肥量同第一次。

灌溉排水：刺五加喜湿怕涝，生育期不能缺水，如遇天气干旱，每2～3d浇水1次；在雨季注意排水防涝，不要积水。

培土：刺五加在入冬前进行培土，培土时能将根茎埋入即可。

修剪平蓬：刺五加在春季萌芽前，需要进行修剪平蓬，降低高度，否则萌发的嫩茎着生部位逐渐上移，生产效益逐渐下降。修剪平蓬时，在植株基部留4~6节，上部剪掉，可促使植株基部萌发幼芽，多发侧枝，提高产量。

⑤收获。

刺五加根：刺五加定植3年后，秋季即可挖根出售。每年挖植株的两个侧面根，断根处应距主根20cm以外，选择根径1cm以上的侧根采挖，挖出的根洗净后剥皮晒干。

刺五加嫩芽：采摘一般在春季4月下旬至5月上旬，当芽长15~20cm时，即可采摘；或在8月，叶片展开而又鲜嫩时采摘。

⑥加工。药用根、根茎和茎在春末出叶前或秋季叶落后采挖、收取，去掉泥土，切成30~40cm长，晒干后捆成小捆即可，也可采收后切成5cm左右的小段，晒干装袋保存；叶可在8月，叶片展平而又鲜嫩时采摘，及时风干。

95."龙九味"——五味子的道地产区是哪里？药典标准是什么？栽培技术要点有哪些？

（1）五味子的道地产区。五味子始载于《神农百草经》。古代最早提到其产地的书籍为魏晋时期的《名医别录》，记载其"生齐山山谷及代郡，今第一出高丽"，南朝、宋代、明代也有书籍记载，普遍认为高丽所出五味子质量最优。现今五味子（北五味）主产区为辽宁、吉林、黑龙江。黑龙江五味子主产区为伊春、宁安、鸡东、铁力、饶河、宝清、桦南等地。

（2）五味子的药典标准［选列，详见《中华人民共和国药典（2020版）》］。

本品为木兰科植物五味子 [*Schisandra chinensis* (Turcz.) Baill.] 的干燥成熟果实。习称"北五味子"。秋季果实成熟时采摘，晒干或蒸后晒干，除去果梗和杂质。

[性状] 本品呈不规则的球形或扁球形，直径5~8mm。表面红色、紫红色或暗红色，皱缩，显油润；有的表面呈黑红色或出现"白霜"。果肉柔软，种子1~2，肾形，表面棕黄色，有光泽，种皮薄而脆。果肉气微，味酸；种子破碎后，有香气，味辛、微苦。

[鉴别] ①本品横切面：外果皮为1列方形或长方形细胞，壁稍厚，外被角质层，散有油细胞；中果皮薄壁细胞10余列，含淀粉粒，散有小型外韧型维管束；内果皮为1列小方形薄壁细胞。种皮最外层为1列径向延长的石细胞，壁厚，纹孔和孔沟细密；其下为数列类圆形、三角形或多角形石细胞，纹孔较大；石细胞层下为数列薄壁细胞，种脊部位有维管束；油细胞层为1列长方形细胞，含棕黄色油滴；再下为3~5列小型细胞；种皮内表皮为1列小细胞，壁稍厚，胚乳细胞含脂肪油滴及糊粉粒。

粉末暗紫色。种皮表皮石细胞表面观呈多角形或长多角形，直径18~50µm，壁厚，孔沟极细密，胞腔内含深棕色物。种皮内层石细胞呈多角形、类圆形或不规则形，直径约至83µm，壁稍厚，纹孔较大。果皮表皮细胞表面观类多角形，垂周壁略呈连珠状增厚，表面有角质线纹；表皮中散有油细胞。中果皮细胞皱缩，含暗棕色物，并含淀粉粒。

②取本品粉末1g，加三氯甲烷20ml……。供试品色谱中，在与对照药材色谱和对照品色谱相应的位置上，显相同颜色的斑点。

[检查] **杂质** 不得过1%（通则2301）。

水分 不得过16.0%（通则0832第二法）。

总灰分 不得过7.0%（通则2302）。

［含量测定］照高效液相色谱法（通则0512）测定。

本品含五味子醇甲（$C_{24}H_{32}O_7$）不得少于0.40%。

饮片

［炮制］五味子除去杂质。用时捣碎。

［性状］［鉴别］［检查］（水分　总灰分）［含量测定］同药材。

醋五味子。取净五味子，照醋蒸法（通则0213）蒸至黑色。用时捣碎。

［性状］本品形如五味子，表面乌黑色，油润，稍有光泽。有醋香气。

［浸出物］照醇溶性浸出物测定法（通则2201）项下的热浸法测定，用乙醇作溶剂，不得少于28.0%。

［鉴别］②［检查］（水分　总灰分）［含量测定］同药材。

［性味与归经］酸、甘，温。归肺、心、肾经。

［功能与主治］收敛固涩，益气生津，补肾宁心。用于久咳虚喘，梦遗滑精，遗尿尿频，久泻不止，自汗盗汗，津伤口渴，内热消渴，心悸失眠。

［用法与用量］2～6g。

［贮藏］置通风干燥处，防霉。

（3）栽培技术要点。

①选地整地。五味子对土壤求并不十分严格，但以微酸性的沙壤土为最好。在无霜期115d以上≥10℃年活动积温2 200℃以上的区域可大面积栽培。建立北五味子栽培园应选择远离大田、远离交通干道100m以上、四周有防护林的地块种植，地下

水位低的平地或腐殖土层深厚、向阳并有灌溉条件，排水方便的地块为宜。

育苗田：于上年土壤结冻前进行翻耕、耙细、翻耕深度25～30cm。结合秋翻施入基肥，每亩施腐熟农家肥5m³左右。以畦作为好，畦宽130cm，畦高15cm，床土要耙细清除杂质，每亩施腐熟有机肥3 000～4 000kg，与床土充分搅拌均匀，搂平床面即可播种。

移栽田：入冬前按确定的行距挖深50～70cm，宽80～100cm的栽植沟。挖土时把表土放在沟的一侧，新土放在另一侧，沟挖好后先填层表土，然后分层施入腐熟有机肥，每亩3～5m³，分2～3次踏实。回填后把全园平整好。

②播种。

选种：7月下旬以后可到栽培园或野生资源选种。选种标准是把穗长8cm以上，平均粒重0.5g以上，浆果着色早的结果树，确定为采种树。9月中旬采收果实，搓去果皮果肉，漂除瘪粒，放阴凉处晾干。

种子处理：12月中下旬用清水浸泡种子2～3d，每天换一次水，然后按1∶3的比例将湿种子与洁净细河沙混合在一起，放入容器中贮放，温度保持0～5℃，沙子湿度一般为饱和含量的50%，通常用手紧握成团又不滴水。若在室外处理，则将种子放入室外准备好的深0.5m左右的坑中，上面覆盖10～15cm的细土，再盖上草帘，进行低温层积处理，此过程一般需要80～90d。播种前半个月左右，将种子从层积沙中筛出，用凉水浸泡3～4d，每天换1次水，浸水的种子种皮裂开或长出胚根，即可播种。

播期：以4月下旬至5月上旬为宜，也可于8月上旬至9月上旬播种当年鲜籽。

播种方式：一般采用条播，以畦的横向开沟，便于苗田管理。按行距15cm，播深2～3cm进行播种，每亩播种量5kg左右。播后及时覆土，覆土厚度2.5～3cm为宜。播种后用木磙镇压，以防露风跑墒，浇透水。为防止立枯病和其他土壤传染性病害，在播种覆土后，结合浇水，喷施800～1 000倍50%代森铵水剂。

③育苗田田间管理。

遮阴保墒：为了保持床面湿润，畦面用草帘等覆盖遮阴，当畦面干土层达到1.5～1.8cm时即应浇水，使土壤湿度保持在30%～40%，当出苗率达到50%以上时，撤掉覆盖物。随即搭1～1.5m高的遮阴棚，待小苗长出3～4片真叶时可撤掉遮阴棚。

间苗：进行间苗，每平方米保苗150株为宜。

松土：浇水后要及时进行松土。

追肥：苗期追肥两次。第一次在撤掉遮阴棚时进行，在幼苗行间开沟每亩施硫酸铵10kg、硫酸钾5kg。第二次在株高10cm时进行，每亩追过磷酸钙20kg或磷酸二铵15kg、硫酸钾10kg。施肥后适当增加浇水次数，以利幼苗生长。

④移栽。选用种子繁殖的二年生实生苗，如肥、水充足、田间管理好、当年苗长势粗壮也可选用，要求枝条粗壮、根系发达的壮苗。春、秋两季可移栽。秋季应在落叶后，春季应在芽萌动之前进行，一般在4月下旬至5月上旬移栽。雨季移栽或补栽成活率也很高，但需将地上部分适当轻剪，以防水分过度蒸发，降低成活率。移栽前先将苗放在清水中浸泡12～24h，根系较长的剪留12～20cm。移栽行向南北，顺风透光。行距为120cm，株距50cm，挖坑，坑深、宽各30cm，每穴栽一株。再将与混合的圈粪填入坑内，覆一层土。栽苗时要将根舒展开以后填土，并轻轻

提出苗，踏实再覆土，然后灌足水，待水自然渗下再培土。注意防止窝根与倒根，栽后踏实，灌足水，待水渗完后用土封穴。15d后进行查苗，没成活的需进行补苗。

⑤移栽田田间管理。

施肥灌水：五味子喜水喜肥，苗期生长很慢，所以要常浇水、除草、施肥。孕蕾开花结果期除了供给足够水分外，需要大量追肥。如肥水不足，则枝条细弱，越冬芽小。在栽培上半年，肥、水不足时，影响花芽分化，多形成叶芽，雄花多，雌花少。在开花、坐果时期，肥、水不足会引起落果。因此，栽培五味子追肥非常重要。

追肥：一般分两次进行。第一次在5月下旬追氮肥（硫酸铵或硝酸铵等）每亩20kg，第二次应在6月末追过磷酸钙，每亩40kg。在生育期不应追过多氮肥，以防产生落果，适当增加磷钾肥，利于结果。五味子生根力弱，应勤浇水，促进生根，长势旺盛。

松土除草：生育期间要及时松土除草，保持土壤疏松、无杂草，勿伤根，同时在基部做好树盘，便于灌水。

搭架：五味子是雌雄同株植物，雌花数量多少是产量高低的关键。在栽培管理中，通过搭架，改善架面的通风透光条件，能提高叶片光合效能，增加雌花数量，保证稳产丰产。移栽第二年后，开始搭架，材料用水泥柱做立柱，用木杆或竹竿或8号铁丝在立柱上部拉一横线，每个主蔓处立一竹竿或木杆，高250～300cm，直径1.5～2.0cm，用绳固定在横线上，按右旋方向引五味子茎蔓上架，用绳绑好，以后就都自然上架了。

剪枝：五味子人工栽培若想获得稳产丰产，剪枝是关键。

夏季架面管理：植株在幼龄期要及时把选留主蔓引缚到竹

竿上促进向上生长，成龄树枝侧蔓抽出的新梢原则上不用绑缚，若有过长的可留10节左右摘心，侧蔓（结果母枝）留得过长或负荷量较大时，应给予必要的绑缚，以免折枝。

冬季修剪：从植株落叶后2～3周至翌年伤流开始前进行冬季修剪，以3月中下旬完成为宜，修剪时，剪口离根2～2.5cm，离地表30cm架面不留侧枝。在侧蔓未布满架面时，对主蔓延长枝只减去未木质化部分，对侧蔓的修剪以中长梢修剪为主（留6～8个芽）间距保持15～20cm，单株剪留中长枝以10～15个为宜，叶丛枝原则上不剪，为了促进基芽的萌发，以利培养预备枝也可进行短梢和超短梢修剪（留1～3个芽）。对上一年剪留的中长枝要及时回缩，因此修剪时要在下部结果的重要部分，其上多数节位也易形成叶丛枝。上一年的延长枝也是结果的重要部分。

⑥收获。五味子实生苗5年后结果，无性繁殖3年挂果，一般栽植后4～5年大量结果。9月果实呈紫红色摘下来晒干或阴干。适时采收很重要，否则涉及产量和质量。采早商品质量差，采晚熟的太过，果皮易破裂，晒晾不方便。

⑦加工。五味子药用部分为果实。质量要求表面紫红色，皮肉厚、皱缩、油润、有光泽。质量的好坏，与采收期和加工方法有关。五味子加工方法简单，一般都是放在阳光下晒干。如天晴，晚间不必收起，晒干后油性大。如遇连雨天，可放在炕上薄薄摊开，缓缓烘干，温度不可过高，防止油挥发，变成焦粒，防止霉烂变质。晒至全干后，搓去果柄，挑出黑粒即可入库贮藏。

96."龙九味"——防风的道地产区是哪里？药典标准是什么？栽培技术要点有哪些？

（1）防风的道地产区。防风始载于《神农本草经》，列为草部上品。历代本草对防风产地作了较为详细的记载，主要为陕西、黑龙江、山东、河南、江苏、浙江及湖北北部等地。现代产区主要在黑龙江、内蒙古、吉林、辽宁、山西、河北、宁夏和陕西等地区，但以东三省产量大、质量优。黑龙江省防风主产于杜蒙、安达、林甸、泰来、龙江、甘南、塔哈、海伦、北安、肇东、肇州、肇源等地。

（2）防风的药典标准［选列，详见《中华人民共和国药典（2020版）》］。

本品为伞形科植物防风［*Saposhnikovia divaricata*（Turcz.）Schischk.］的干燥根。春、秋两季采挖未抽花茎植株的根，除去须根和泥沙，晒干。

［性状］本品呈长圆锥形或长圆柱形，下部渐细，有的略弯曲，长15～30cm，直径0.5～2cm。表面灰棕色或棕褐色，粗糙，有纵皱纹、多数横长皮孔样突起及点状的细根痕。根头部有明显密集的环纹，有的环纹上残存棕褐色毛状叶基。体轻，质松，易折断，断面不平坦，皮部棕黄色至棕色，有裂隙，木部黄色。气特异，味微甘。

［鉴别］①本品横切面：木栓层为5～30列细胞。栓内层窄，有较大的椭圆形油管。韧皮部较宽，有多数类圆形油管，周围分泌细胞4～8个，管内可见金黄色分泌物；射线多弯曲，外侧常成裂隙。形成层明显。木质部导管甚多，呈放射状排列。根头处有髓，薄壁组织中偶见石细胞。

粉末淡棕色。油管直径17～60μm，充满金黄色分泌物。叶基维管束常伴有纤维束。网纹导管直径14～85μm。石细胞少见，黄绿色，长圆形或类长方形，壁较厚。

②取本品粉末1g，加丙酮20ml……。供试品色谱中，在与

对照药材色谱和对照品色谱相应的位置上，显相同颜色的斑点。

［检查］**水分**　不得过10.0%（通则0832第二法）。

总灰分　不得过6.5%（通则2302）。

酸不溶性灰分　不得过1.5%（通则2302）。

［浸出物］照醇溶性浸出物测定法（通则2201）项下的热浸法测定，用乙醇作溶剂，不得少于13.0%。

［含量测定］照高效液相色谱法（通则0512）测定。

本品按干燥品计算，含升麻素苷（$C_{22}H_{28}O_{11}$）和5-O-甲基维斯阿米醇苷（$C_{22}H_{28}O_{10}$）的总量不得少于0.24%。

饮片

［炮制］除去杂质，洗净，润透，切厚片，干燥。

［性状］本品为圆形或椭圆形的厚片。外表皮灰棕色或棕褐色，有纵皱纹、有的可见横长皮孔样突起、密集的环纹或残存的毛状叶基。切面皮部棕黄色至棕色，有裂隙，木部黄色，具放射状纹理。气特异，味微甘。

［鉴别］［检查］［浸出物］［含量测定］同药材。

［性味与归经］辛、甘，微温。归膀胱、肝、脾经。

［功能与主治］祛风解表，胜湿止痛，止痉。用于感冒头痛，风湿痹痛，风疹瘙痒，破伤风。

［用法与用量］5～10g。

［贮藏］置阴凉干燥处，防蛀。

（3）栽培技术要点。

①选地整地。选择地势高燥、排水良好的沙壤土地块种植，在黏土地种植的防风，根极短、分叉多、质量差。整地时需深翻35～50cm，并施足基肥，每亩用腐熟农家肥3 000～

4 000kg、过磷酸钙15～20kg，深耕细耙，作成宽130cm、高15～20cm的高畦。

②播种。

选种：以野生防风种子为主，人工培育的种子以野生一代种为主。选择颗粒饱满、芽率高的种子。

种子处理：先将种子利用风或机械进行精选好，用25℃的温水浸泡24h，用40℃的温水浸泡10h，让种子吸足水，以利发芽。浸泡时边撒种子，边搅拌，浸泡10h后搅拌，捞出浮在水面上的瘪籽和杂质，将沉底的饱满种子泡好后取出，流水冲洗3～4h，稍晾后播种。

播期：5月中上旬或夏季（6月下旬至7月上旬）播种。

播种方式：畦上按行距25～30cm开沟，沟深2～3cm，将种子均匀地播撒在沟内，覆土1～1.5cm厚。每亩用种量2kg。

防风种子很小同时喜阴，春季墒情不好或没有灌溉条件的地区，播种可以采用玉米套种防风技术，玉米品种选用机收品种。根据当地玉米播种时间确定，130cm大垄，垄上双行，使用播种机播种。待玉米长到30cm以后进行播种，使用自制悬空播种机播种，种子要均匀播撒在地表面，确保出苗率。玉米播后5d进行封闭灭草，各地根据土质不同应采取不同的药物施用，避免产生药害，以致防风不出苗，面积小的待玉米苗出后采用人工除草，玉米苗15cm左右第一次中耕。防风播种40d左右出苗，一般在6月底左右进行第二次除草，各地根据不同土地类型采用不同的药剂除草，同时第二次中耕，注意不要破坏垄形，避免对幼苗造成伤害。

玉米收获：为了避免对防风幼苗伤害，玉米收获应在冬季11月中旬进行收获，收获机器选择茎穗兼收机收获，秸秆离田。

翌年春季进行秸秆清理作业，对秸秆压到幼苗的进行二次秸秆离田，做到田间无秸秆、无玉米叶，确保防风种苗的正常生长。

③田间管理。

间苗定苗：当苗高5～6cm、植株出现第一片真叶时，间苗；待苗高10～12cm时，按7～10cm的株距定苗。亩留苗3万株，抽薹率较低。

中耕除草：6月要进行多次除草。间苗时要除草1次，定苗时进行1次中耕，翌年中耕2～3次。

追肥：第一次定苗后，适当追肥，每亩施尿素8～10kg、硫酸钾3kg；翌年春季防风萌动前追施腐熟有机肥1 500～2 000kg，生长旺盛期可追施叶面肥、磷酸二氢钾或微生物菌肥。

排灌：在播种或栽种后到出苗前，应保持土壤湿润。防风抗旱能力强，不需浇灌。雨季要及时排水，以防积水烂根。

打薹：对两年生以上的植株，在6—7月抽薹开花时，除留种外，发现花薹时应及时将其摘除，一般一年2～3次。

④收获。

种子采收：选择无病虫害、生长旺盛的2年以上植株作留种株。8—9月，种子由绿色变为黄褐色，轻碰即成两半时采收。种子成熟时连同茎秆割下，搓下种子，晒干后装入布袋置阴凉处保存待用；也可割回种株放置阴凉处后熟1周左右，再进行脱粒，贮藏到阴凉干燥处备用。

根茎采收：一般在春季4月15日左右、秋季9月20日左右收获，使用药材收获机械和人工捡拾。

⑤加工。挖出后除净残茎、细梢、毛须及泥土，置于晾晒棚或晒场直接晾晒至九成干时，按粗细长短，分别捆成重250g或50g的小捆，再晒至全干即成。有条件可采用45℃烘干至水分

10%，阴干有效成分仅次于烘干。若量大收获的鲜品经简单处理后放入冷库中储藏，冷库温度控制在-10℃左右。

97."龙九味"——板蓝根的道地产区是哪里？药典标准是什么？栽培技术要点有哪些？

（1）板蓝根的道地产区。板蓝根以"蓝"的药用价值始载于秦汉时期的《神农本草经》。从秦汉到唐代的记载一直都是以野生板蓝根入药，宋代开始有栽培板蓝根的记载，但与现今板蓝根药材来源不同。明代的福建土人所用马蓝的根可能是现今板蓝根的最早来源，但目前，尚无一致公认的板蓝根道地产区，仅文献记载过河北省为道地产区。现今板蓝根主产于甘肃、河北、黑龙江、山东、山西、内蒙古、河南等地。20世纪90年代，板蓝根引入黑龙江省，主产区为大庆市大同区和齐齐哈尔市泰来县，其他县（市）有小面积分布，黑龙江省板蓝根销售量占全国市场的1/3左右。

（2）板蓝根的药典标准［选列，详见《中华人民共和国药典（2020版）》］。

本品为十字花科植物菘蓝（*Isatis indigotica* Fort.）的干燥根。秋季采挖，除去泥沙，晒干。

［性状］本品呈圆柱形，稍扭曲，长10～20cm，直径0.5～1cm。表面淡灰黄色或淡棕黄色，有纵皱纹、横长皮孔样突起及支根痕。根头略膨大，可见暗绿色或暗棕色轮状排列的叶柄残基和密集的疣状突起。体实，质略软，断面皮部黄白色，木部黄色。气微，味微甜后苦涩。

［鉴别］①本品横切面：木栓层为数列细胞。栓内层狭窄。韧皮部宽广，射线明显。形成层成环。木质部导管黄色，类

圆形，直径约80μm；有木纤维束。薄壁细胞含淀粉粒。

②取本品粉末0.5g，加稀乙醇20ml……。供试品色谱中，在与对照药材色谱和对照品色谱相应的位置上，显相同颜色的斑点。

③取本品粉末1g，加80%甲醇20ml……。供试品色谱中，在与对照药材色谱和对照品色谱相应的位置上，显相同颜色的斑点。

［检查］**水分** 不得过15.0%（通则0832第二法）。

总灰分 不得过9.0%（通则2302）。

酸不溶性灰分 不得过2.0%（通则2302）。

［浸出物］照醇溶性浸出物测定法（通则2201）项下的热浸法测定，用45%乙醇作溶剂，不得少于25.0%。

［含量测定］照高效液相色谱法（通则0512）。

测定本品按干燥品计算，含（R，S）-告依春（C_5H_7NOS）不得少于0.020%。

饮片

［炮制］除去杂质，洗净，润透，切厚片，干燥。

［性状］本品呈圆形的厚片。外表皮淡灰黄色至淡棕黄色，有纵皱纹。切面皮部黄白色，木部黄色。气微，味微甜后苦涩。

［检查］**水分** 同药材，不得过13.0%。

总灰分 同药材，不得过8.0%。

［含量测定］同药材，含（R，S）-告依春（C_5H_7NOS）不得少于0.030%。

［鉴别］（除横切面外）［检查］（酸不溶性灰分）［浸出物］同药材。

［性味与归经］苦，寒。归心、胃经。

［功能与主治］清热解毒，凉血利咽。用于瘟疫时毒，发热咽痛，温毒发斑，痄腮，烂喉丹痧，大头瘟疫，丹毒，痈肿。

［用法与用量］9～15g。

［贮藏］置干燥处，防霉，防蛀。

（3）栽培技术要点。

①选地整地。选地势平坦、排水良好、疏松肥沃的沙壤土，于秋季深翻土壤40cm以上，结合整地亩施入腐熟农家肥5 000kg，作65cm的垄或100～130cm的畦。

②播种。

选种：选择籽粒饱满、发芽率为80%以上的优良种子播种。

种子处理：播种前，温水浸种24h，捞出后略干用湿布包好，置于25～30℃条件下催芽3～4d，待70%以上种子露白后即可播种。

播期：春播，5月中上旬进行播种。

播种方式：垄上双行或畦面上按行距20～25cm，开1.5cm左右深的浅沟，将种子均匀撒入沟内，覆土1cm，稍加镇压，每亩播种量2～3kg。

③田间管理。

间苗定苗：苗高约7cm时，按照株距6～8cm及时间苗定苗。

中耕除草：苗期及时中耕除草封垄后不再除草，大雨过后，及时锄草。

追肥：6月上旬每亩追施硫酸铵8kg、过磷酸钙12kg、硫酸钾18kg，混合撒入行间。8月下旬再进行一次追肥，每亩追施硫酸铵8kg、过磷酸钙12kg、硫酸钾18kg，混合撒入行间。

排灌：干旱天气时于早晨或傍晚浇水。幼苗期灌一次水，伏天叶片有萎蔫现象时，在早晨或傍晚灌一次水。雨季，疏通排水沟及时排水。

④收获。

大青叶：春播可于7月上旬至10月采收1~2次；定苗后，叶长至10~12cm时，即可采收。可采用两种收割方式，一种贴地面割去芦头的一部分，此法新叶重新生长迟，易烂根，但发棵大；一种从植株基部离地面3cm处割取，不伤芦头，新叶生长较快。

根茎：10月中下旬，当地上茎叶枯黄时，割除地上部分，挖药机采挖根部。

⑤加工。

大青叶：收割时，选择晴天进行，收割后要立刻摊开晒到七八成干，捆成小把。

根茎：去掉根部泥土和茎叶，洗净，晒至七八成干时，扎成小捆，再晒至全干，遇阴雨天可烘干。

98. "龙九味"——赤芍的道地产区是哪里？药典标准是什么？栽培技术要点有哪些？

（1）赤芍的道地产区。我国早期并无赤芍、白芍之分，以芍药统称，始载于《神农本草经》。魏晋时期《本草经集注》为最早提及芍药有赤白之分的本草著作，唐代在临床用药上已经开始区分赤芍、白芍。但对赤芍的道地产地一直不是很明确，唐宋时期芍药多出于陕西、内蒙古、山西等地。明朝细分赤芍和白芍，但此时赤芍的道地产区并不明确。现今赤芍的资源分布主要在内蒙古、东北三省、河北、陕西及甘肃等地，其中内蒙古东部的多伦县及其周边一直被认为是赤芍的道地产区和主产区之一。黑龙江省赤芍适宜种植的地区在伊春、萝北、宁安、密山、嫩江等地。

（2）赤芍的药典标准［选列，详见《中华人民共和国药典（2020版）》］。

本品为毛茛科植物芍药（*Paeonia laciflora* Pall.）或川赤芍（*Paeonia veitchii* Lynch）的干燥根。春、秋两季采挖，除去根茎、须根及泥沙，晒干。

［性状］本品呈圆柱形，稍弯曲，长5～40cm，直径0.5～3cm。表面棕褐色，粗糙，有纵沟和皱纹，并有须根痕和横长的皮孔样突起，有的外皮易脱落。质硬而脆，易折断，断面粉白色或粉红色，皮部窄，木部放射状纹理明显，有的有裂隙。气微香，味微苦、酸涩。

［鉴别］①本品横切面：木栓层为数列棕色细胞。栓内层薄壁细胞切向延长。韧皮部较窄。形成层成环。木质部射线较宽，导管群作放射状排列，导管旁有木纤维。薄壁细胞含草酸钙簇晶，并含淀粉粒。

②取本品粉末0.5g，加乙醇10ml……。供试品色谱中，在与对照品色谱相应的位置上，显相同的蓝紫色斑点。

［含量测定］照高效液相色谱法（通则0512）测定。

本品含芍药苷（$C_{23}H_{28}O_{11}$）不得少于1.8%。

饮片

［炮制］除去杂质，分开大小，洗净，润透，切厚片，干燥。

［性状］本品为类圆形切片，外表皮棕褐色。切面粉白色或粉红色，皮部窄，木部放射状纹理明显，有的有裂隙。

［含量测定］同药材，含芍药苷（$C_{23}H_{28}O_{11}$）不得少于1.5%。

［鉴别］同药材。

［性味与归经］苦，微寒。归肝经。

　　［功能与主治］清热凉血，散瘀止痛。用于热入营血，温毒发斑，吐血衄血，目赤肿痛，肝郁胁痛，经闭痛经，症瘕腹痛，跌扑损伤，痈肿疮疡。

　　［用法与用量］6～12g。

　　［注意］不宜与藜芦同用。

　　［贮藏］置通风干燥处。

　　（3）栽培技术要点。

　　①选地整地。选择土质疏松、土层深厚，排水良好的平地或缓坡的沙质壤土，山区应选向阳坡地，以东南向为宜种植；土壤以中性或微酸性为宜（pH值6.5～7.0），盐碱土、低洼、黏土不适宜。忌连作，前茬可选马铃薯、豆科或禾本科作物，不适宜甜菜、向日葵茬。一般深耕40cm以上，再进行一次浅耕，将杀菌剂（多菌灵或噁霉灵）、杀虫剂、生物菌和复合肥等均匀地混到土壤里。施基肥可以采用复合肥或腐熟的农家肥，每亩用量1 500～2 000kg；也可使用中药材专用肥，每亩施用40～50cm；也可以按使用说明施用生物菌肥（氮磷钾都含）；如果施用硫酸二胺，需要增施硫酸钾。一般育苗田作100～130cm宽的畦，移栽田作65cm宽的垄。

　　②播种。

　　种子处理：秋季赤芍种子成熟后，要及时播种，用50℃温水浸种24h，取出后即播，发芽率可达80%以上；播种过晚，赤芍种子含水量降低，发芽率下降。若不能及时播种，可行沙藏保湿处理，但必须于种子发根前取出播种。将沙子加水（含适量杀菌剂）搅拌到握沙成团，松手即散的状态。种子经杀菌剂处理后与湿沙子1:3比例混合拌匀，然后装进透气的袋子，装半袋或更少些即可。在向阳的高岗地挖10～15cm深的坑，把种子袋平放在坑内，将种子摊平，形成厚约15cm的种子层。再覆盖5～10cm厚的土，最后盖上稻草、豆秸等遮光保湿。翌年春季，种子露白即可播种。

播期：秋播，8月上旬至9月下旬播种新鲜种子；春播，地温稳定在10～12℃时，可露地播种处理后种子。

播种方式：畦上可按行距20cm进行条播或把种子均匀地撒播在苗床上，再用碌子压1～2遍。将种子压到土里，使种子和苗床形成一个平面，然后用筛子把土均匀地盖在苗床上，覆土2～3cm厚，稍镇压即可。亩用种子60～90kg。当出苗率达到60%出苗后，可喷施磷酸二氢钾和甲霜噁霉灵。特别雨后或大雾天，要及时喷施杀菌剂，每隔10～15d喷一次药，做好预防，有利于小苗的生长。预防性用药时，叶面肥正常用量，杀菌剂可以减少用量。多种叶面肥和杀菌剂要轮换喷施，以免产生抗药性。

③育苗田田间管理。

灌溉：如遇干旱天气，适当进行喷灌，喷灌应在上午8—10时进行。

除草：整个生长季节及时进行人工除草。

追肥：苗期可以增施磷肥，喷施过磷酸钙即可。根据生长情况，喷施叶面肥或有机肥料，喷施时间以5月下旬至8月上旬为宜。

④移栽。

实生苗移栽：培育1～2年的实生苗，在秋季地上部枯萎后或翌春返青前移栽。将苗床内幼苗全部挖出，按大小分类，分别栽植，行株距65cm×30cm，根据幼苗根系长短开沟或挖穴，顶芽朝上放在沟穴内，使苗根舒展开。盖土要过顶芽4～5cm，盖后镇压，干旱时，栽后要浇透水。

芽头移栽：8—9月或春季5月上旬栽植芽头。一般采用生长

4～5年的大苗进行芽头分割，或采用野生芦头，选出不空心、芽头饱满、无病虫害和机械损伤芽头，按每块2～3个芽切成若干个芽头作为种栽，芽头下留3～4cm长的头。分割好的芽头用杀菌剂、杀虫剂、生根粉浸泡，捞出阴干后移栽。芽头随切随栽，垄上直接开沟，按株距25～30cm、每穴栽1～2个芽头、切面向下、芽头朝上放入种栽，覆土10cm，压实，以保墒越冬，亩移栽量在3 500株左右。芽头如不能及时栽植，可选取室内阴凉通风干燥处保存。地上铺湿润的土层，将芽头向上堆放，再用湿润沙土覆盖，注意土壤不易过湿。

⑤田间管理。

中耕除草：栽后翌年红芽露出后应立即中耕除草，此时的赤芍根纤细，扎根不深不宜深锄。播种盖土后可喷施二甲戊灵、乙草胺等封闭除草剂封闭除草。苗后尚无特效除草剂，可在5月下旬或6月上旬（根据生长情况机械能下地前）通过铲耥及人工进行除草，耥地时不能伤及植株根部。

摘蕾：选晴天将花蕾全部摘除，以利根部生长。留种的植株可适当去掉部分花蕾使种子充实饱满。

追肥：第一年施基肥以外，在7月每亩追施复合肥20kg。每年春季清明前赤芍没有出芽时和7月中旬各追施冲施型复合肥1次，每年喷根茎施叶面肥，可增加收益。留种田应在开花20%时，喷施磷酸二氢钾，采种后及时喷施叶面肥。

⑥收获。

种子采收：采收时间为蒴果由绿转黄，略开裂就可采收。种子采收后放在阴凉处堆放，经常翻动防止伤热，待种子从种壳中自然脱落时，用脱粒机脱种或人工敲击脱种。

根茎采收：移栽后生长4～5年的赤芍，9月中旬就可以进行采收。选晴天，割去地上部分，采用深根类起药机、挖掘机结合人工起挖等方法。

⑦加工。将根茎部分带芽切下，再分成小块作为栽植用的种栽，放入室内或窖内用沙子埋上保管。将其他鲜根洗净泥土，切下的芍根去掉根茎及须根等杂质，切去头尾，修平，进行晾晒或烘至半干。然后按大小分档，捆成小把，晒或烘至足干，贮于通风干燥阴凉处。晒干，按粗细长短分开，捆成小把即可。

99."龙九味"——火麻仁的道地产区是哪里？药典标准是什么？栽培技术要点有哪些？

（1）火麻仁的道地产区。火麻仁始载于《神农本草经》，称"麻子"，收载于麻黄项下，列为上品。历代本草多有记载。现今产区为河南、黑龙江、甘肃、山西。黑龙江主产区为绥化市海伦县等地。

（2）火麻仁的药典标准［选列，详见《中华人民共和国药典（2020版）》］。

本品为桑科植物大麻（*Cannabis sativa* L.）的干燥成熟果实。秋季果实成熟时采收，除去杂质，晒干。

［性状］本品呈卵圆形，长4～5.5mm，直径2.5～4mm。表面灰绿色或灰黄色，有微细的白色或棕色网纹，两边有棱，顶端略尖，基部有1圆形果梗痕。果皮薄而脆，易破碎。种皮绿色，子叶2，乳白色，富油性。气微，味淡。

［鉴别］取本品粉末2g，加乙醇50ml，供试品色谱中，在与对照药材色谱相应的位置上，显相同颜色的斑点。

饮片

［炮制］火麻仁除去杂质及果皮。

［鉴别］同药材。

炒火麻仁。取净火麻仁，照清炒法（通则0213）炒至微黄色，有香气。

［性味与归经］甘，平。归脾、胃、大肠经。

［功能与主治］润肠通便。用于血虚津亏，肠燥便秘。

［用法与用量］10~15g。

［贮藏］置阴凉干燥处，防热，防蛀。

（3）栽培技术要点。

①选地整地。应选择积温高，热量资源丰富，土层深厚，结构疏松，肥沃，保水保肥能力强的平川地、平岗地，土壤pH值5.5~8.0，不应选择4年内使用过长残效除草剂（例如，咪草烟类、磺酰尿类、异恶草松等）的地块；实行4~5年的合理轮作，忌重茬或迎茬种植。前作无深翻、深松基础的地块，应进行伏秋翻、耙作业；前作有深翻、深松基础的地块，应进行秋耙茬，达到待播状态。机械起垄，垄宽65cm，结合整地亩施腐熟有机肥6 000kg或大麻专用肥（N：P_2O_5：K_2O=23：7：14）25kg。

②播种。

种子处理：播前在10℃以下温度做低温处理7d，处理后晒种4~5d，用种子量0.1%的10%甲霜灵+48%代森锰锌+75%克百威复配剂（或15%多菌灵+75%克百威+10%福美双）拌种，防治病虫害。

播期：4月中旬至5月上旬播种，播层土壤温度稳定通过7~8℃，即进入播种适期。

播种方式：采用垄作清种或间作、套种矮秆作物，穴播，可用播种机进行精播，每穴2～3粒种子，亩用种量一般200～250g，但还要根据出芽率和种子千粒重大小进行调整，株距25cm，播深2～3cm，播后及时镇压。亩保苗株数3 500～4 000株。机械播种时务必要匀速作业，播种、覆土、镇压复式作业或连续作业；做到不重播，不漏播，深浅一致，覆土严密，地头整齐，种满种严。

③田间管理。

松土：播种到出苗通常需10～15d，从出苗到快速生长期开始是大麻苗期阶段。此阶段管理的中心任务是确保全苗，促进根系发育，培养整齐健壮的幼苗群体，为进入快速生长打好基础。一是播后松土，用手耙纵横向松土多遍，播后遇雨，地干表土出现硬壳及时轻耙。

间苗定苗：间苗宜在出苗后10～15d内进行，间去过密、弱小或病苗；同时适当去掉雄株，即去掉叶片尖窄、叶色淡绿、顶梢略尖幼苗，增加雌株株数，保证产量。苗高15～20cm，定苗，每穴一株。

追肥：苗高25～30cm时，结合灌头遍水，亩追施尿素5～10kg，也可叶面喷施磷酸二氢钾等肥料。叶面喷施最好选择无风阴天或湿度较大、蒸发量小的上午9时以前，最适宜的是在下午4时以后进行，如遇喷后3～4h下雨，则需进行补喷；配制溶液要均匀，喷洒雾点要匀细，喷施次数看需要。

除草：播后苗前用金都尔进行封闭除草，亩喷施量为65～85ml，出苗后尽量选用人工除草。

中耕：结合间苗、定苗可进行中耕，苗高15～20cm时用耘锄除草机进行一次松土除草；株高40～60cm时用深松机进行一次垄沟深松，深度25～30cm。

灌溉：出苗前保持土壤湿润，保证出苗整齐；大麻生长进入快速生长期，即苗高30cm时，若土壤含水量低于21%时，灌水1~2次，每次灌水量25~30mm为宜。

授粉：大麻开花期，要进行授粉以增加产量。可在麻田放置蜂箱，每亩1~2个蜂箱；也可在晴朗天气下，上午9时左右抖动麻田内雄性植株，以助散粉。

④收获。收获时间一般在9月底10月初，植株上籽实2/3成熟后，采用人工收获，收获后在田间放置10d左右促进后熟。待全部种子成熟后，拉到晾晒场进行脱粒。

⑤加工。脱粒后种子，进行风选，去除干瘪种子和杂质，晒干至含水量12%以下即可；也可用脱壳机进行去壳处理。储藏于阴凉干燥处，注意防热、防蛀。

100. "龙九味"——鹿茸的道地产区是哪里？药典标准是什么？梅花鹿养殖技术要点有哪些？

（1）鹿茸的道地产区。鹿茸始载于《神农本草经》。梅花鹿主产于吉林、辽宁，马鹿主产于黑龙江、吉林、青海、新疆、四川、福建等地。产自东北的称"东马茸"，又名"关马茸"，品质较优；产西北的称"西马茸"，品质较次。

（2）鹿茸的药典标准［选列，详见《中华人民共和国药典（2020版）》］。

本品为鹿科动物梅花鹿（*Cervus nippon* Temminck）或马鹿（*Cervus elaphus* Linnaeus）的雄鹿未骨化密生茸毛的幼角。前者习称"花鹿茸"，后者习称"马鹿茸"。夏、秋两季锯取鹿茸，经加工后，阴干或烘干。

［性状］**花鹿茸** 呈圆柱状分枝，具一个分枝者习称"二

杠"，主枝习称"大挺"，长17～20cm，锯口直径4～5cm，离锯口约1cm处分出侧枝，习称"门庄"，长9～15cm，直径较大挺略细。外皮红棕色或棕色，多光润，表面密生红黄色或棕黄色细茸毛，上端较密，下端较疏；分岔间具1条灰黑色筋脉，皮茸紧贴。锯口黄白色，外围无骨质，中部密布细孔。具二个分枝者，习称"三岔"，大挺长23～33cm，直径较二杠细，略呈弓形，微扁，枝端略尖，下部多有纵棱筋及突起疙瘩；皮红黄色，茸毛较稀而粗。体轻。气微腥，味微咸。

二茬茸与头茬茸相似，但挺长而不圆或下粗上细，下部有纵棱筋。皮灰黄色，茸毛较粗糙，锯口外围多已骨化。体较重。无腥气。

马鹿茸 较花鹿茸粗大，分枝较多，侧枝一个者习称"单门"，二个者习称"莲花"，三个者习称"三岔"，四个者习称"四岔"或更多。按产地分为"东马鹿茸"和"西马鹿茸"。

东马鹿茸"单门"大挺长25～27cm，直径约3cm。外皮灰黑色，茸毛灰褐色或灰黄色，锯口面外皮较厚，灰黑色，中部密布细孔，质嫩；"莲花"大挺长可达33cm，下部有棱筋，锯口面蜂窝状小孔稍大；"三岔"皮色深，质较老；"四岔"茸毛粗而稀，大挺下部具棱筋及疙瘩，分枝顶端多无毛，习称"捻头"。

西马鹿茸大挺多不圆，顶端圆扁不一，长30～100cm。表面有棱，多抽缩干瘪，分枝较长且弯曲，茸毛粗长，灰色或黑灰色。锯口色较深，常见骨质。气腥臭，味咸。

［鉴别］①本品粉末淡黄棕色或黄棕色。表皮角质层细胞淡黄色至黄棕色，表面颗粒状，凹凸不平。毛茸多碎断，表面由薄而透明的扁平细胞（鳞片）作覆瓦状排列的毛小皮所包围，呈短刺状突起，隐约可见细纵直纹；皮质有棕色或灰棕色色素；毛

根常与毛囊相连，基部膨大作撕裂状。骨碎片呈不规则形，淡黄色或淡灰色，表面有细密的纵向纹理及点状孔隙；骨陷窝较多，类圆形或类梭形，边缘凹凸不平。未骨化骨组织近无色，边缘不整齐，具多数不规则的块状突起物，其间隐约可见条纹。角化梭形细胞多散在，呈类长圆形，略扁，侧面观梭形，无色或淡黄色，具折光性。

②取本品粉末0.1g，加水4ml……。供试品色谱中，在与对照药材色谱相应的位置上，显相同颜色的主斑点；在与对照品色谱相应的位置上，显相同颜色的斑点。

饮片

［炮制］**鹿茸片**　取鹿茸，燎去茸毛，刮净，以布带缠绕茸体，自锯口面小孔灌入热白酒，并不断添酒，至润透或灌酒稍蒸，横切薄片，压平，干燥。

鹿茸粉　取鹿茸，燎去茸毛，刮净，劈成碎块，研成细粉。

［性味与归经］甘、咸，温。归肾、肝经。

［功能与主治］壮肾阳，益精血，强筋骨，调冲任，托疮毒。用于肾阳不足，精血亏虚，阳痿滑精，宫冷不孕，羸瘦，神疲，畏寒，眩晕，耳鸣，耳聋，腰脊冷痛，筋骨痿软，崩漏带下，阴疽不敛。

［用法与用量］1~2g，研末冲服。

［贮藏］置阴凉干燥处，密闭，防蛀。

（3）养殖技术要点。

①配种。

选择种鹿：选择茸大、生长快、质量好的鹿作种鹿。

配种时期：梅花鹿1.5岁开始性成熟，2岁半至3岁配种较好。一般秋季配种，8月下旬至11月中旬为配种期。

发情表现：公鹿变得膘肥体壮，颈围粗，毛色暗，阴囊下垂，性暴好斗，常与其他公鹿争偶。母鹿发情时兴奋不安，眼角流黏液，气味异常，常"吱吱"鸣叫，阴部黏液增多，喜接近公鹿；母鹿在此时期可发情3～4次，每次持续18～36h。

鹿的配种方式：群公群母式，即将25～30只参配母鹿与3～5只种公鹿组成配种群，直到11月底配种结束再分开；单公群母式，即将1只优良公鹿与15～20只母鹿组群配种，但要每隔一段时期中间替换种公鹿；单公单母定时放对式，即每日早、晚，将公鹿拨入母鹿群中与发情母鹿交配，配后即将公鹿拨出；人工授精，其中包括采精，精液稀释和输精几个步骤。每只发情母鹿要复配2～3次才能保证高受胎率。

产仔：妊娠期为235d左右，每年5—6月为产仔期。产前要做好准备工作，并对个别难产母鹿要进行接产，梅花鹿多为每胎1仔。鹿舍要清洁、安静，不要惊吓和强行驱赶怀孕母鹿，以防生病和流产。仔鹿产下后，应擦干身上黏液，使其尽快吃上初乳，然后编好耳号。

②饲养管理。

饲料类型：各种多汁饲料都可饲喂，另外再适当补以谷物、豆类等精饲料和矿物质饲料。其最喜食橡树叶、薯秧等，其次是玉米秸、稻草、麦秸等。青粗饲料为将粗饲料铡短粉碎成草粉即可。将玉米秸、稻草、麦秸等进行氨化处理，混合50%以下青粗饲料，混合后喂养，可以提高消化率，增加适口性。精饲料为玉米60%、麸皮20%、饼类20%，另加适量面粉和食盐。

饲喂量：公鹿1—3月下旬为长茸初期，4—8月为长茸期，8月下旬至11月中旬为配种期，11月下旬至翌年1月中旬为恢复期。在长茸期、恢复期和配种期日喂量掌握在3～4kg，其中精料

1～1.5kg、多汁饲料1～1.5kg、青粗饲料2～3kg，每日喂2次；配种期适当多给些多汁青绿饲料；长茸期日喂量7～8kg，其中精料2～3kg、多汁饲料2～3kg、青粗饲料3～4kg，每日2～3次。母鹿怀孕期要供给营养充足的饲料，后期多给体积小、质优、适口性强的饲料，日喂量3.2～4.5kg，其中精料1～1.5kg、多汁饲料1kg、青粗饲料1～1.2kg；分娩后，哺乳期饲料要含丰富的蛋白质、维生素和矿物质，日喂料5.7～7.5kg，其中精料1.2～1.5kg、多汁饲料1.2～2kg、青粗饲料3～4kg，并有充足的石粉和食盐，精料日喂2～3次，青粗饲料可让其自由采食。仔鹿哺乳期可自然哺乳，也可人工哺乳，日喂量2.5～4kg，其中精料1～1.5kg、多汁饲料0.5kg、青粗饲料1～2kg，并有适量石粉和食盐。

③收获。雄鹿从第三年开始收获鹿茸，每年可采收1～2次。雄鹿长出新角尚未骨化时，将角锯下或用快刀砍下，称为锯茸或砍茸。每年采2次者，第一次在清明后45～50d，称为"头茬茸"，第二次在立秋前后，习称为"二茬茸"；每年采1次者，一般在7月下旬。

④加工。将鹿茸在沸水中略为烫过，晾干，再烫再晾，至积血排尽为度，将鹿茸的茸毛用刀或玻璃刮掉，再用火慢慢烧燎，边燎边刮，最后用清水刷洗茸皮至干净或以瓷片或玻璃片刮净后，烘干。用毛巾或湿布把整个茸体裹严，自锯口小孔把50℃以上的热白酒灌入其中，倒置，待鹿茸变软后，横切薄片，茸片切得越薄越好，摆放在纸上压平，快速干燥。建议去毛后直接趁鲜切薄片。在常规储存条件下，贮藏时间不宜超过1年。

参考文献

安好义，2019. 中药材质量新说[M]. 成都：四川科学技术出版社.

陈士林，董林林，李西文，等，2018. 中药材无公害栽培生产技术规范[M]. 北京：中国医药科技出版社.

杜汉军，杨瑞华，王柏林，等，2011. 五味子栽培技术——百例问答[M]. 哈尔滨：东北林业大学出版社.

郭卫东，2013. 西洋参：中美早期贸易中的重要货品[J]. 广东社会科学（2）：122-132.

郭文丹，2019. 湖北省恩施州中兽药发展现状、问题与建议[J]. 畜牧兽医科学（电子版）（2）：41-42.

国家药典委员会，2020. 中华人民共和国药典：一部[M]. 北京：中国医药科技出版社.

胡世林，1989. 中国道地药材[M]. 哈尔滨：黑龙江科学技术出版社.

胡世林，1998. 中国道地药材原色图说[M]. 济南：山东科学技术出版社.

胡文超，2010. 人参农田栽培技术[J]. 吉林农业（11）：106.

黄璐琦，刘昌孝，2015. 分子生药学[M]. 北京：科学出版社.

黄璐琦，陈美兰，肖培根，2004. 中药材道地性研究的现代生物学基础及模式假说[J]. 中国中药杂志，29（6）：494-496，610.

黄璐琦，郭兰萍，华国栋，2007. 道地药材属性及研究对策[J]. 中国中医药信息杂志，14（2）：44-46.

黄璐琦，郭兰萍，2007. 环境胁迫下次生代谢产物的积累及对道地药材形成的影响[J]. 中国中药杂志，32（4）：277-280.

黄璐琦，郭兰萍，胡娟，等，2008. 道地药材形成的分子机理及其遗传基础[J]. 中国中药杂志，33（20）：2 303-2 308.

黄璐琦，张瑞贤，1997. "道地药材"的生物学探讨[J]. 中国药学杂志，9（32）：563-566.

冀东亮，2015. 北方林下梅花鹿养殖[J]. 农民致富之友（7）：171.

晋玲，2018. 当归生产加工适宜技术[M]. 北京：中国医药科技出版社.

叩根来，2018. 知母生产加工适宜技术[M]. 北京：中国医药科技出版社.

李爱民，2006. 北五味子丰产稳产栽培技术研究[D]. 延吉：延边大学.

李金凤，2018. 基于产业价值链的山东中药产业发展战略研究[D]. 济南：山东中医药大学.

李树纲，汪洋，程丽华，等，2010. 中兽药资源开发思路及其质量控制[J]. 兽医导刊（12）：36-38，42.

李晓琳，张顺捷，2018. 刺五加生产加工适宜技术[M]. 北京：中国医药科技出版社.

刘根喜，滕训辉，2017. 黄芪生产加工适宜技术[M]. 北京：中国医药科技出版社.

吕圭源，陈素红，苏洁，等，2015. 中药保健功能特点与优势[J]. 中国现代中药，17（12）：1 241-1 245.

马勤阁，魏荣锐，2018. 新时代下中医药大健康产业创新发展模式探析[J]. 科技广场（1）：37-42.

南京中医药大学，2006. 中药大辞典[M]. 上海：上海科学技术出版社.

沈铁恒，1995. 五味子丰产栽培技术[J]. 农民致富之友（5）：12.

沈铁恒，康勋，2018. 小麦套种柴胡栽培技术[J]. 种子世界（6）：69.

苏建亚，张立钦，2011. 药用植物保护学[M]. 北京：中国林业出版社.

孙蓉，齐晓甜，陈广耀，等，2019. 中药保健食品研发、评价和产业现状及发展策略[J]. 中国中药杂志，44（5）：861-864.

滕训辉，刘根喜，2017. 党参生产加工适宜技术[M]. 北京：中国医药科技出版社.

滕训辉，乔永刚，2017. 远志生产加工适宜技术[M]. 北京：中国医药科技出版社.

滕训辉，闫敬来，2017. 黄芩生产加工适宜技术[M]. 北京：中国医药科技出版社.

王鹤佳，秦玉明，安洪泽，等，2019. 我国中兽药供给侧结构调整调查分析[J]. 中国兽药杂志，44（5）：861-864.

王慧珍，张水利，2018. 板蓝根生产加工适宜技术[M]. 北京：中国医药科技
出版社.

王林娣，1999. 西洋参的历史溯源以及种类特征[J]. 中成药（2）：3-5.

王书林，2006. 药用植物栽培技术[M]. 北京：中国医药科技出版社.

王停，郑燕飞，焦招柱，2015. "中医体质—抗衰老"产业化的探讨[J]. 中
国现代中药，17（12）：1 246-1 249.

王巍，马源，周月凤，2008. 东北人参育苗技术[J]. 现代农业科技（17）：63.

王霞，2019-12-03. 梅花鹿养殖技术要点[N]. 山西科技报，（A07）.

王晓琴，李旻辉，2017. 防风生产加工适宜技术[M]. 北京：中国医药科技出
版社.

王晓琴，李旻辉，2018. 桔梗生产加工适宜技术[M]. 北京：中国医药科技出
版社.

王新民，金红，2009. 药用植物土壤与肥料[M]. 北京：化学工业出版社.

王永明，2007. 苍术栽培技术[M]. 长春：吉林科学技术出版社.

肖小河，1989. 中药材品质变异的生态生物学探讨[J]. 中草药，20（8）：
42-46.

肖小河，夏文娟，陈善塘，1995. 中国道地药材研究概论[J]. 中国中药杂
志，20（6）：323-325.

谢蕾，张羽师，李卫东，2019. 药用植物非药用部位开发利用现状与展
望[J]. 中药材，42（2）：470-473.

谢晓亮，杨太新，2014. 中药材栽培实用技术500问[M]. 北京：中国医药科
技出版社.

谢宗万，1990. 论道地药材[J]. 中医杂志（10）：43-46.

许剑琴，刘凤华，2004. 21世纪我国中兽药发展前景[C]//中国畜牧兽医学会
2004学术年会暨第五届全国畜牧兽医青年科技工作者学术研讨会论文集
（上册）. 中国畜牧兽医学会：127-137.

薛福全，戴明丽，刘淑玲，2008. 林下人参种植技术[J]. 中国科技财富
（9）：121.

闫敬来，滕训辉，2017. 柴胡生产加工适宜技术[M]. 北京：中国医药科技出版社.

杨维泽，杨绍兵，2018. 黄精生产加工适宜技术[M]. 北京：中国医药科技出版社.

杨燕，古云梅，2020. 中草药在养殖业中的应用浅析[J]. 湖北畜牧兽医，41（4）：16-19.

佚名，1994. 西洋参在中国的栽培现状与展望[J]. 人参研究（3）：21.

於洪建，吴春福，2016. 我国中药类保健食品的发展趋势[J]. 大品种联盟，47（18）：3 342-3 345.

袁启慧，2018. 我国中医药类保健食品的发展趋势[J]. 家庭生活指南（10）：111.

张伯礼，张俊华，陈士林，等，2017. 中药大健康产业发展机遇与战略思考[J]. 中国工程科学，19（2）：16-20.

张春红，李旻辉，2017. 赤芍生产加工适宜技术[M]. 北京：中国医药科技出版社.

张春红，张娜，2017. 甘草生产加工适宜技术[M]. 北京：中国医药科技出版社.

张建丽，王占良，张亦农，2015. 我国保健食品中违禁物质的现状分析[C]// 2015第十届全国体育科学大会论文摘要汇编（二）：1 737-1 739.

张亚玉，张强，2018. 人参生产加工适宜技术[M]. 北京：中国医药科技出版社.

张永清，刘合刚，2013. 药用植物栽培学[M]. 北京：中国医药科技出版社.

赵文轩，2020. 梅花鹿养殖要点[J]. 农村新技术（1）：31-32.

郑洁，刘雪红，2019. 中兽药在畜禽养殖中的应用[J]. 现代畜牧兽医（12）：37-41.